青少年教育经典读本

孩子的心灵要滋养

宋佳音◎编著

精华版
JINGHUABAN

HAIZI DE XINLING
YAOZIYANG

滋养孩子的心灵，带给孩子心灵的美好与精神上的富足。

中国纺织出版社

内 容 提 要

孩子的心灵要滋养。滋养的实质就是对孩子性情的陶冶和品质的培养，是一种文化修养的投资。滋养带给孩子的将是心灵的美好与精神上的富足，而不是娇惯，不是物质条件的富足，因为拥有健康的心态，才是孩子成才的坚实基础。

本书分为十二章，从多个角度阐述了应该如何滋养孩子的心灵，让孩子真正从心灵上富足起来。本书内容丰富，语言通俗易懂，书中提供的经验可操作性强，是一本非常实用的家长教子书。

图书在版编目（CIP）数据

孩子的心灵要滋养 / 宋佳音编著. —北京：中国纺织出版社，2013. 7（2024.4重印）
ISBN 978-7-5064-9600-1

Ⅰ. ①孩… Ⅱ. ①宋… Ⅲ. ①儿童心理学②儿童教育 Ⅳ. ①B844.1②G61

中国版本图书馆CIP数据核字（2013）第043768号

策划编辑：江 飞　　责任编辑：曲小月　　责任印制：储志伟

中国纺织出版社出版发行
地址：北京朝阳区百子湾东里A407号楼　邮政编码：100124
邮购电话：010—64168110　传真：010—64168231
http：//www.c-textilep.com
E-mail：faxing@c-textilep.com
北京兰星球彩色印刷有限公司印刷　各地新华书店经销
2013年7月第1版　2024年4月第2次印刷
开本：710×1000　1/16　印张：16
字数：165千字　定价：75.00元

前言

PREFACE

作为父母，你是否了解自己的孩子？你是否能洞察孩子的内心世界？你是否经常关心孩子的心理健康？

很多父母都很爱自己的孩子，在关注孩子生活起居、学习成绩的同时却往往忽略了孩子心理健康的需求。心理健康往往比身体健康更重要！

心理学家研究表明：一个人一生的生活习惯、行为模式、思维方式等都是在其青少年时期就初步形成的。可见，青少年时期是一个人健康心理形成的黄金阶段。如果此时孩子的心理问题得不到重视，那么，成人后就很难拥有健康、健全的人格，以致降低孩子一生的成就与幸福感。

一般来说，心理健康的孩子往往表现出更多的积极情绪：轻松、愉快、乐观。这些情绪可激活思维，增强孩子的学习兴趣和记忆力。长期下去，孩子不仅精力充沛、成绩好，其智力也能得到良好的发展。反之，如果孩子长期处于焦虑、恐惧等不健康的心理状态下，可能会反应迟钝、思维不敏捷、记忆力下降，甚至会认知错乱，影响智力的正常发育。

孩子在成长的时候，身体的发育是一目了然的。个子稍微矮了点，体重增加得慢了点，父母马上就会察觉出来，会立即给孩子补充营养。可是，孩子心灵的发育是父母肉眼看不见的，因而常常不被注意，而且即使感到有什么不对劲儿的地方，也会因为表现得不明显而疏忽了。其实，孩子心灵的成长是比身体的成长更为重要的事情。作为父母，有必要知道，为了使孩子的心灵得以顺利地成长，父母应该怎样去做；一旦孩子的心灵出现了问题，父母又该做些什么。

孩子的心灵要滋养。滋养的实质就是对孩子性情的陶冶和品质的培养，是一种文化修养的投资，滋养带给孩子的将是心灵的美好与精神上的富足。滋养不代表娇惯，不是指物质条件的富足，而是精神上的滋养。健康的心态是培养孩子成才的基础。现在多数家庭都只有一个孩子，不论男女都很重视，但这并不代表就要娇宠孩子，条件虽然好了，但培养孩子吃苦及生活自理能力，是非常必要的。

滋养是从孩子的思维、心灵和行为上滋养，而不是一味地追求奢侈品，物质上的富足只会让孩子变得越来越骄奢。父母要教会孩子具有高尚的情操、善待他人，达到生活、教育和思想的富足。

“自古雄才多磨难，从来纨绔少伟男。”父母要从小培养孩子坚强不屈的性格，吃苦耐劳的精神，孝义德善的品质。否则，一味地娇惯、放任、纵容，只会培养出一个不成气候的纨绔子弟来。

编著者

2012年12月

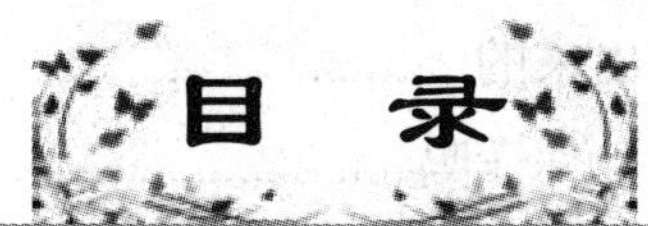

目 录

CONTENTS

第四章 关爱孩子的心灵健康成长，从点滴做起

第五章 独立，让孩子的心灵更坚强

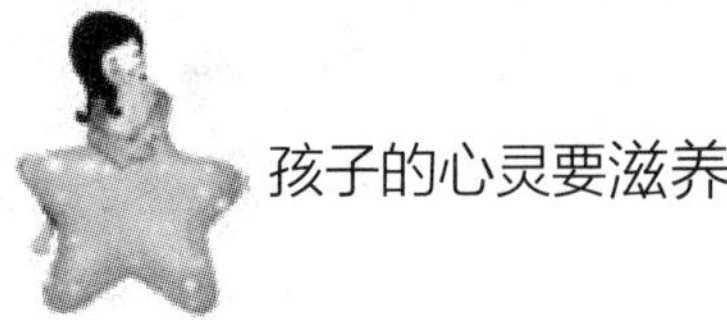

第六章 自信，让孩子的心灵更有活力

第七章 孩子心灵的成长需要爱心

第八章 善良的心灵叩启孩子的纯洁天性

第九章 培养有孝心的孩子

第十章 诚实的心灵是打造孩子人生的金字招牌

第十一章 责任感，益人益己的诚信行为

第十二章　勤劳，培养孩子的蜜蜂精神 

第一章

父母是孩子心灵的塑造者

和谐的家庭培育出美好的心灵

家庭是孩子人生的第一课堂，是培养孩子健康情感、良好习惯、优秀品质和高尚道德的第一个“基地”。家庭教育在孩子的成长过程中具有学校教育、社会教育不能取代的地位和作用，良好的家庭教育能促进孩子的身心健康发展。

在对待孩子的教育问题上，很多父母没有意识到自己的心理健康对孩子有多大的影响。殊不知，父母的心理健康不仅影响孩子的心理健康，而且关系到孩子今后成长的人格问题。父母的健康情绪不仅关系到自己的心理健康，也会影响到教育孩子的态度和行为方式。一个心情舒畅、情绪愉快的父母，能让家庭总处在一种祥和、欢乐的气氛下，孩子也会感到亲切愉快，乐于完成父母交给自己的任务。在父母循循善诱的帮助下，孩子的创造力和想象力会得到更大的发挥。

罗涛的爸爸是某公司高管，妈妈也是一家公司的总经理，家里的经济条件非常优越。罗涛作为家中的独子，按说他的生活应该是很好的。其实不然，虽然家里条件不错，但罗涛的爸爸妈妈对他却很“苛刻”。从来不会给他买什么名牌衣服，每个月的零花钱也是有限的，如果用完了，不会再给。虽然爸爸妈妈都有车，但是从来不会专门去接送他上学放学，他每天都是骑自行车去学校。有时候放学回家，妈妈还会叫他“顺便”买菜回家。对于一些力所能及的家务，爸爸妈妈也会叫他干。

罗涛的学习成绩在班上只是处于中等水平，但是爸爸妈妈对此倒并不十分在意，他们更在意的是罗涛是不是在健康快乐地成长，是不是学到了有意义的东西。此外，对于罗涛的兴趣爱好，爸爸妈妈是十分尊重的。罗涛对音乐非常感兴趣，在他生日那天，爸爸妈妈就送了他一把吉他；他喜欢足球，在世界杯节目播出期间，爸爸妈妈会允许他在不影响休息的情况下收看比赛；罗涛也非常喜爱英语，这一兴趣则得益于他跟父亲的外国朋友打交道的经历。在这样宽松自由的家庭环境中长大，罗涛养成了良好的性格，他的童年和少年都过得非常愉快。

用罗涛自己的话说：他觉得自己非常幸福和幸运，倒不是因为自己的爸爸妈妈给了自己多少金钱，他们为自己提供了多么优越的生活条件，而是因为自己的爸爸妈妈拥有非常智慧的头脑和健康的心灵。他说：“爸爸妈妈给我最宝贵的东西，是一些最基本的做人格调。”

“环境造就人”，有什么样的家庭就有什么样的孩子，父母的人生态度和价值观直接影响着孩子。如果父母整天活得忙忙碌碌，悲观焦虑，患得患失，那么孩子也不可能有快乐健康的心态，甚至会轻生厌世，觉得活着没意思。一个家庭幸不幸福，不在于这个家庭是否经济富有，孩子学习好不好，而在于全家成员是不是相亲相爱；孩子的人生价值也不会在于考不考得上大学，而在于活得是不是积极向上，是不是有自己的思想，是不是为了自己的理想而快乐地去奋斗。

在家庭和睦的基础上，给孩子一个宽松的环境，不要把生活的不快、工作的压力传染给孩子，而要极力创造一种和谐的氛围。

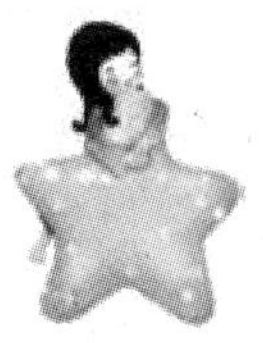

父母的教育态度与方式影响孩子心灵的成长

在有的父母看来，父母的任务是让孩子吃好，穿好，不生病。父母对孩子的衣食及身体保健舍得投资，却忽视了孩子的心理健康。现代家庭中，存在重健康知识灌输，轻行为习惯培养；重饮食营养摄入，轻情感需要的满足；重成人包办代替，轻孩子独立性培养。独生子女现象，造成父母对孩子溺爱越来越普遍。

在家庭教育中，主要有以下几种方式：

◎ 溺爱型

爱孩子是每个父母的天性，看着那个小生命一天一天地长大，恨不得把全世界最好的东西都捧到他面前，恨不得为他挡去一切雨雪风霜，孩子能平平安安、快快乐乐地长大是每个父母心底最深的愿望。这就是很多父母溺爱孩子的原因。但是爱也有好和不好之分。过度的爱对孩子是一种伤害。只有正常的、适度的爱才是孩子最好的精神食粮。如果孩子的成长阶段缺少父母的爱相伴，那么孩子的成长就会受到严重的影响，甚至产生不健康的心理状况。但如果父母给孩子的爱太多，也会对孩子的成长造成严重的影响。父母的溺爱会让孩子养成以自我为中心的性格，长期接受父母的爱而不懂得回报，自己想干什么就干什么，不会尊重别人。在家里有父母可以迁就，但是踏入社会之后，别人不可能像父母一样迁就你，因此，从小在父母的溺爱之下长大的孩子，在步入社会之后，会处处碰壁，难以承受生活的磨难。当有一天父母再也没有能力为孩子遮风避雨的时候，孩子可能连独自生活都会成问题。

◎放任型

溺爱孩子的父母会包办孩子的一切，而放任型的父母则会绝对放手。父母不干涉孩子的自由，也不对孩子提出任何要求，对孩子的喜怒哀乐不闻不问，听之任之。孩子做得好，父母不会肯定或者鼓励，孩子做得不好，父母也不会对此批评教育或者责罚。把管教孩子的任务全部推给学校，认为“树大自然直”，孩子长大了自然就会懂事了。父母的这种教育方式，会让孩子形成很多不好的性格，如自控力差、纪律观念淡薄、常常惹是生非、攻击性强等。

◎专制型

这种类型的教育方式和放任型的教育方式完全相反，放任型是对孩子完全放手不管，而专制型父母则是对孩子管得太严太死。孩子必须服从父母的意见，父母说什么就是什么，绝不允许反抗。在这种教育方式下长大的孩子没有自由，在父母的眼皮底下长大，一举一动都受到父母的监督和保护。父母希望孩子按照自己为孩子设计的蓝图去成长，经常不问孩子的意愿就让孩子去做一些他们不愿意做的事情，比如学钢琴、学舞蹈、学画画等。如果孩子不按照自己的意愿行事，轻则痛骂，重则痛打。孩子在父母面前没有任何的自主权，只是“管教”和“被管教”的关系。在这种教育方式下长大的孩子，没有行动自由，更不会和父母有良好的沟通，常常处于一种紧张的状态，其个性发展也容易形成两个极端：自卑、胆怯；暴力、多疑、对抗。而这两种个性对孩子的成长都会造成极其不利的影响。

◎民主型

在这种教育方式下长大的孩子是最幸福的。这种教育类型的父母也爱孩子，但是从不骄纵孩子；对孩子严格要求，但是不会强迫孩子做他不愿意做的事；督促孩子，但是有事会和孩子商量，不会自作主

张一意孤行；自己做不到的事情，也绝不会要求孩子去做；答应孩子的事情尽可能实现。这种教育类型的父母会用自己健康文明的思想行为来影响孩子，引导孩子走向正确的道路，和孩子之间的关系是亲密而平等的。在这样的教育方式下长大的孩子会形成自信乐观、诚实善良、独立性强等良好的性格。

家庭教育方式对孩子性格的形成有着决定性的影响。因此，父母们应该选择一种健康的良好的教育方式来教育孩子，尽量避免不好的教育方式，这样才能让孩子形成一个良好的性格，健康快乐地成长。

父母的教育态度与方式的不当，如过分严厉、要求过高，简单粗暴、经常打骂，歧视、忽略、冷漠，要求不一致，缺乏理解与沟通，经常贬低、挫伤孩子的自尊心等，这些错误的教育方式带给孩子的，除了过大的压力和精神负担以外，还有一系列因基本的心理需要无法满足而产生的消极情绪，如烦恼、焦躁、恐惧、压抑等。这些消极的情绪如果长期不能排解，就可能导致孩子陷入各种精神疾病的困扰。

良好的家庭教育可以对孩子产生十分积极的作用，同样，错误的家庭教育则会起到相反的作用。特别是孩子的性格、道德品质、理想情操的形成，与家庭教育密切相关。

父母的素质与孩子心灵的成长密切相关

父母的自身素质对孩子成人、成才必将产生深刻的影响，而且它是制约家庭教育成败的重要因素之一。有一位专家这样说过：“国民的命运，与其说操在掌权者手中，倒不如说掌握在母亲的手中。”这充分说明了父母的素质在家庭教育中的举足轻重的地位和作用。

父母是子女的第一任教师，也是相处时间最长、最亲密的教师。父母的一言一行，对孩子的个性塑造、人格形成、智力发展、价值观念的取向等都有潜移默化的影响。

不少孩子从小喜欢摆弄玩具车，但后来的走向截然不同——这不是他们自己的兴趣发生了变化，而是父母的态度左右了孩子。有一个姓张的男孩，特别喜欢玩具车，家里购买的玩具车，几乎可以开一个店铺，不过，他的高学历父亲倒十分宽容孩子近乎“疯狂”的行为，因为他觉得孩子不仅对玩具车和小轿车的牌子了如指掌，而且已经在注意车子设计方面的事。而另一个姓李的男孩，却没有这么幸运，玩车子在他母亲看来是“不务正业”，甚至一再缩减孩子这方面的开支，孩子已有的一些兴趣被“锁”上了。

父母的文化素质和心理状态会潜移默化地影响着孩子的心理成熟和生长发育。父母本身的不良思想道德素质对孩子的心理健康具有严重危害，这种危害主要表现在：当孩子发现父母品行不良时，自尊心会受到伤害，心理上会蒙上消极的阴影，产生沮丧、怨恨、烦恼和自卑等心理。个性的消极使他们厌恶集体、厌恶家庭，一旦接触了坏朋友或不良思想，特别容易误入歧途；父母自身不正，父母在孩子心目中就会丧失威信，甚至无法合理地教育孩子，孩子不信任父母，也就容易产生虚伪、自私自利等不健康心理。

文化素质比较高的父母，常常会对自己的子女提出更高的要求和期望，他们懂得运用自己的知识和强烈的求知欲去影响和教育孩子，培养孩子顽强的进取精神，同时在孩子的学习上也能给予较好的指导。而如果父母的文化素质比较低，本身又不思进取，往往对孩子的要求也不高，他们不仅自己不学习，也不关心子女的学习，甚至只顾自己的娱乐而影响孩子的学习。很多研究成果都表明父母的文化素质与子女的心理

健康有很大关系。

父母对孩子影响最大的是行为和与之密切相关的心理状态，而不是言辞说教，因为孩子是生活在一种与父母的心理神奇的融合、感应和参与的状态之中。他们对父母内心的重大变化经常有迅速的反应，父母的心理障碍也会毫无例外地投射到孩子的心理上。孩子在心理上甚至生理上的某些病态往往可以在其父母的精神状态中找到原因。因此，父母在对子女进行教育的同时，也要意识到要想改变孩子身上的某些东西，就应首先看他们是否能够在自己身上被改变，努力使自己具备明朗、达观、善良、坦诚的心理素质，这样才能使孩子具有一个生长良好个性和优秀人格的环境。

只有心理健康的父母才能培养出心理健康的孩子。反过来说，心理不健康的父母对孩子的心理健康水平必然会产生直接的消极影响。家庭教育最关键的问题是必须大力提高父母的自身素质、提高父母的心理健康水平与丰富父母心理健康方面的知识。

要想教育好孩子，父母自己必须有过硬的知识。作为父母，我们有必要加强学习，提高自身的综合素质。我们只有拥有了取之不尽用之不竭的知识，才能对孩子产生源源不断的积极影响。

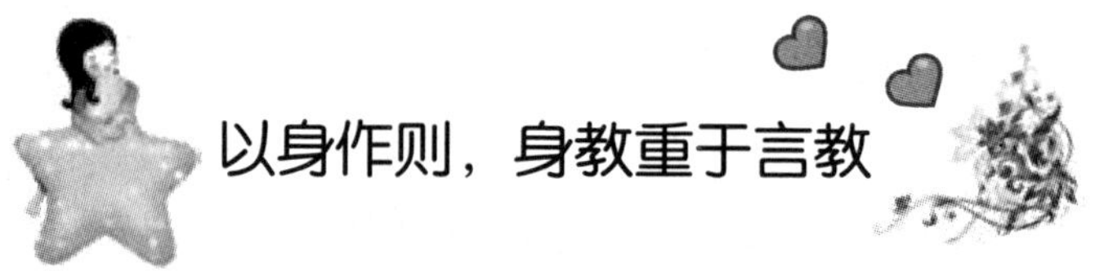

以身作则，身教重于言教

俗话说：“父母是子女的样子，子女是父母的镜子。”孩子的依从性、归属性、模仿性都很强，他们从父母那里模仿到不健康的性格、行为习惯，就会形成不健康的性格和行为习惯。比如有的父母喜怒无常，高兴时对孩子很亲昵，而生气时便拿孩子当出气筒，在这样的环境下成长，孩子的情绪也会变得喜怒无常，脾气古怪。

一个黑人司机载了一对白人母子，儿子问："为什么司机伯伯的肤色和我们的不同？"母亲答："上帝为了让世界色彩缤纷，所以创造了不同颜色的人。"到达目的地时，黑人司机坚持不收钱，他说："小时候我曾问过母亲同样的问题，母亲说我们是黑人，注定低人一等，如果她换成你的回答，今天我定会有不同的成就。"

父母是孩子最重要的导师，父母的言行是孩子最好的教科书，父母的一言一行都将潜移默化地影响着下一代。

父母们总是希望孩子改掉坏毛病，一旦发现孩子的问题，都免不了一通数落甚至责打。然而，父母们却没有意识到自己的言行已经在孩子身上起到潜移默化的作用。例如，父母的性格很随意，对发生的事情不介意，得过且过，他们想要求孩子事事严谨就很难。

另外，离异家庭对孩子的心理影响也是非常大的，孩子看见了准备离婚的父母之间的"战争"，会感到很害怕，会变得非常胆小。也有孩子为避免受欺负而主动出击，打骂同学。所以，发现孩子有心理问题，父母首先要分析一下自己是否也有行为不当之处。

一个小学生老是在外面打架惹事，几乎每天都有其他孩子或父母找到家里告状。每次这个小学生在外面打架，回家都要挨揍。他的父亲想以此给儿子威慑，可是状况一点也没有好转。其实这是孩子"模仿"父亲解决问题的方式，是从小向父亲学来的，"打"是父亲教给他解决人际问题的方法。

孩子一天中的大部分时间与父母生活在一起，他们学习和模仿的

对象首先是父母，父母与人相处的方式，对待事物的态度，父母的爱好和兴趣，习惯、动作，甚至走路的姿态和说话的语调等，都能成为孩子习惯行为的模式。他们向父母的各种行为进行模仿和学习，并且他们的行为也主要受父母的规范。不论父母良好的行为还是不良行为，孩子都可能会模仿和学习，甚至父母的行为也会成为孩子人际交往的方式、对待事物的态度和解决问题的手段。

张小杰跟妈妈一起上街，碰到了邻居张阿姨。张小杰不仅没有对张阿姨打招呼，甚至看也不看一眼。张阿姨招呼他，他只是勉强回答，十分没有礼貌。回家之后，妈妈把张小杰叫到身边，严厉地对他说："小杰，妈妈发现你对张阿姨讲话时，没有运用礼貌用语。我跟你说过多少次了，你就是记不住！"

张小杰顶嘴说："妈妈你不能怪我，虽然你总是教我要尊老爱幼，可你从来没有尊重过我奶奶！我都记得！"妈妈听了张小杰的话，刹那间脸红了。

父母的言谈举止，犹如一本没有文字的教科书。因此在孩子面前，父母从思想品德到生活小节，都没有小事。要教育孩子具有较高的社会公德，父母自己就必须先成为这样的人；要求孩子积极进取、勇敢拼搏，父母也要率先示范。只有这样，才能对孩子产生积极、深远的影响。

对孩子来说，榜样是最好的激励。家庭是孩子成长的第一个小型社会，在家庭中孩子学习、发展他的认知及行为。父母自然而然成为孩子模仿的对象，然而现在的父母都很喜欢用说教的方式来教育子女，甚至有"照我所说的去做，不要照我所做的"说法，真是一大讽刺。而子女们则认为"与其热心地叫我做，倒不如他们自己做一次，然后我便会照着做"。

孩子对父母的第一印象最深，而父母的第一印象对孩子的影响也最深，父母是在打麻将还是在捧书学习，父母是在网上玩游戏还是查找知识，对孩子的影响有着天壤之别。父母要做好言传身教，不要一方面对孩子期望恳切、要求苛刻；另一方面又总是宽以待己、自己“身歪影斜”，结果导致孩子不服气，达不到预期的教育效果。因此，要想孩子怎样，父母就先怎样吧！

做孩子的好榜样

父母是孩子的第一任老师，父母对孩子的教育，足以影响孩子的一生，为人父母者，着实不易。俗话有云，正人先正己，想要教育好孩子，就要以身作则，给孩子做一个好榜样。榜样的力量是无穷的，对于孩子来讲，这一点尤其重要。家庭是孩子最基本的生活和教育单位，父母是这个教育单位里的老师，其一言一行，一举一动，都有可能成为孩子的效仿源。

孩子通常通过模仿大人的行为、动作、习惯，逐渐养成同父母一样的品质、作风和习惯。如果父母有不良的习惯，孩子也会通过模仿、耳濡目染等方式加以学习。现在很多孩子的不良个性、品质、习惯都与父母对孩子的影响有密切关系。哪个父母不希望自己的孩子有良好的个性和习惯？而为人父母者，如果有不良习惯不单使自己受害，更使孩子受害，甚至会影响孩子的一生。

李晓宇今年上初二了，学习成绩不怎么样，却沾染了一身不良的恶

习，尤其爱打麻将和吸烟。有一天，他在课堂上抽烟，被班主任张老师发现了。张老师非常生气，放学后便和李晓宇一起到他家家访。

一走进李晓宇的家，就见烟雾弥漫，噼哩啪啦的麻将声此起彼伏，满地是烟头，乱七八糟，还有一个人跷着二郎腿摇头晃脑。“谁是李晓宇的家长？”一股烟雾扑面而来，张老师呛得直咳嗽，捂着鼻子喊了一声。屋里四个搓麻将的人停住了手，看着他。一个叼着烟卷的健壮中年男人大声说：“什么事情啊？我就是他爸爸！”

张老师皱了皱眉，然后把李晓宇上课抽烟和参与赌博的事情说了，要求他好好管教孩子，纠正孩子的坏毛病。中年男人一听立即火冒三丈，把嘴里的烟卷一扔，拉着李晓宇，按住就在屁股上打。一边打，还一边骂道：“都说过了，叫你不要学老子搓麻将，你偏偏学！叫你不要学老子抽烟，你偏偏抽！你再不改，我就打到你改为止！”

看着这一幕，张老师失望地直摇头。

家庭教育的经验告诫人们：“上梁不正下梁歪，有什么样的老子就有什么样的儿子。”这些都是要求父母以身作则的警世格言。良好的榜样能使孩子学善，不好的行为则使孩子学坏。

家庭作为人生的第一所学校，也是终生学校；父母是人生的第一位教师，也是终生教师，责任重于泰山。斯特娜夫人说得十分透彻：“孩子是父母的影子。为了培养孩子的品德，父母亲的行为要自慎，应处处做孩子的表率。孩子好的行为或坏的行为都是父母教育影响的结果。”在孩子面前打开的第一扇通向周围世界的窗户，就是父亲母亲的个人榜样。

王女士发现女儿小洁在接受他人礼物时没有说“谢谢”，就微笑着对孩子说：“小洁，你好像忘记说什么了。”小洁显然还没有意识到自己应该说什么，这时，妈妈对客人说：“谢谢您送礼物给小洁，我代表小洁谢谢您！”小洁听了妈妈的话，意识到自己没有礼貌地表示感谢，于是奶声奶气地说：“小洁谢谢阿姨！”

父母作为孩子最早的启蒙教育者，对孩子的教育影响也最深远。父母若想成功地教育自己的子女，必须以身垂范，做孩子的榜样。父母要时时刻刻严格要求自己，事事都给孩子起榜样作用。

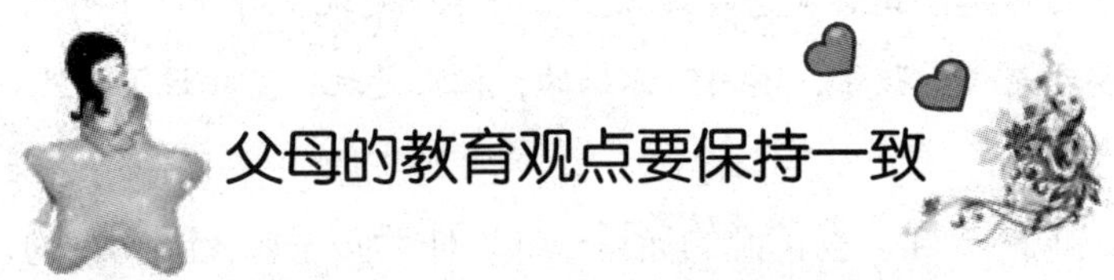

父母的教育观点要保持一致

在家庭教育的难题中，最常见的就是大人之间教育观念不一致的问题了。爸爸扮红脸，妈妈扮白脸，要不就是爸爸妈妈扮红脸，爷爷奶奶扮白脸，一方要求严厉，一方百般呵护。

张澜澜最近总是忧心忡忡的，原来是因为对孩子的教育问题。她丈夫对孩子的迁就简直到了令人无法容忍的程度。而她则恰恰相反，买东西要看有没有必要，若是乱花钱，她坚决不同意，孩子买东西经常只找爸爸，瞒着妈妈。

有时孩子在家犯了错误，她一批评，丈夫就当着孩子的面护短：“有话好好说，何必大声嚷嚷？”时间一长，孩子摸透了他俩的脾气就常常说谎，并讨好爸爸，欺骗妈妈。

爸爸当好人，妈妈当恶人，教育孩子的方法总是不一致，这也是她家频繁的家庭战争的根源。在这样的环境下，孩子变得越来越骄横不讲理，说到孩子的将来，她感到忧心忡忡。

在家庭里，教育子女是父母的共同责任。但是，在履行这一责任的过程中，时常会发生种种矛盾。其中，最明显、最突出的就是父母教育孩子的口径不统一。

唐唐星期四下午放假，吃完午饭后，没有顾得上做作业，就和其他同学一起出去游玩了。整整玩了一下午，唐唐玩得很开心。回到家后，正要写作业，却遭到妈妈的训斥。妈妈说他不该玩一下午，应该利用休息时间，多学习课本知识。爸爸却说孩子跟同学一起玩没有什么不好的，玩也是学习，于是告诉孩子，不用听你妈的；但玩是玩，不要误了作业。

妈妈说的一样，爸爸说的又是一样，作为孩子应该听妈妈的，还是听爸爸的，真是左右为难。这件事，应该怎么看呢？妈妈埋怨孩子，爸爸赞成孩子。我们且不说孩子的做法正确与否，仅就父母双方教育孩子的方法和态度来说，是不应该出现不一致的。父亲和母亲的做法其实都是为了孩子好，目的也是一致的，但是方法和态度不同，教育效果是可想而知的。

有不少父母在心理咨询中反映孩子有说谎的毛病。说谎的原因很多，比如学龄前幼儿分不清现实和想象，父母把孩子说出来的想象误以为是说谎，这实际是幼儿趋利避害的本能，但也有父母需要检讨的地方。例如，如果孩子在幼儿园出现问题，幼儿园教师找家长，父亲回家批评一下，让下次改正就可以，找母亲的话，孩子回家就免不了要受皮肉之苦，孩子又总结出来可以从父亲那里得到好处。久而久之，孩子在父亲和母亲面前说不一样的话，在老师面前和在家长面前也说不一样的话，说谎的坏习惯就养成了。

父亲和母亲在教育孩子时意见不一致，应该从自身查找原因，而不应该互相埋怨不会教育孩子。本来父母双方对孩子的行为表现出意见不

一致就不对，再加上父母当着孩子的面互相埋怨，就更错了。

著名教育家陶行知先生认为："做父母的对子女的教育应有一致的措施。中国家庭教育素主刚柔并济。父母往往失之过严，母亲往往失之过宽，父母所用的方法是不一致的。虽然有时相成，但弊端未免太大。因为父母所施方法宽严不同，子女竟至无所适从，不能了解事理所当然。并且方法过严易失子女受害受心，过宽则易失子女之敬意。这都是父母方法不一致的弊病。"马卡连柯也说："家庭集体的完整和一致，是良好教育的必要条件……谁想真正地、正确地教育自己的孩子，那么他就应该很好地爱护这个一致。"

孩子的健康成长是学校、家庭和社会诸方面教育共同影响的整体成果。如果各行其事，彼此矛盾或互相抵消，教育是不会成功的。家庭教育也是如此，不但要密切配合学校和老师的教育，使其取得一致，家庭成员之间也要前后统一，步调一致。

别把自己的愿望强加给孩子

生活中，很多父母都有这样的想法：孩子还小，很多事情他们都不懂，父母为他们做出的选择对他们有好处。殊不知，孩子虽然年龄小，但是他们也有着鲜活的思想和情感，有自己的兴趣、志向和理想。孩子为了自己这些目标而努力的时候，是自觉自愿、积极主动的，而且学得又快又好，同时享受到学习的乐趣。如果父母把自己的意愿强加给孩子，让孩子担负起父母的愿望，那孩子就会感到身上的担子太重，压力太大了，孩子就会觉得学习是一种痛苦，同时孩子也会失去自己的成长空间和独立意识，这就可能导致孩子产生抵触、反叛与对抗的情绪，出现与父母关系紧张、厌学等现象，甚至走上歧路。也有些孩子会变得精神委靡，对生活、学习感到迷茫、失去信心等，这些都对孩子的心理健康极其不利，甚至可能引发心理障碍与心理疾病。

每个人都有自己的愿望，许多父母曾设想过自己的人生，可是因为某些原因并没有圆梦，于是竭力把自己未实现的梦想交给孩子，把全部的希望都寄托在孩子身上。

从上幼儿园开始，爸爸妈妈就在琪琪的耳边念叨“一定要好好学习”、“一定要争气”、“一定要考上清华”这样的话语，琪琪的人生就在父母为她设计好的框架中开始了。

转眼间，琪琪已经12岁了，她没有辜负父母的期望，以优异的成绩考进了市里的重点初中。琪琪觉得，自己没有辜负爸爸妈妈的苦心，考上了他们希望她考上的学校，这个暑假应该可以松口气了。

可是，她想错了。晚上，妈妈下班回来的时候，手里拎着一个大口袋。琪琪急忙迎上前去，打开口袋，琪琪呆住了，里面全是初一的课本和辅导资料。妈妈并没有理会琪琪的惊讶，严肃地对琪琪说：“你呀，别以为进了重点初中就万事大吉了。要知道，凡是考进这所学校的学生都是尖子生，你要想出头，就得提前做准备。”琪琪说：“妈妈，我知道。可是，这个假期是不是……”

妈妈打断了琪琪的话：“是不是什么，你还没到可以休息的时候。我和你爸爸早就打算好了，你的目标就是清华。当年，你爸爸因为一分之差没有考上清华，这是他一辈子的遗憾，这个遗憾只能靠你去弥补了。”见琪琪没有回应，妈妈缓和了语气，语重心长地说，“琪琪啊，我和爸爸都是为你着想。清华是最高学府，如果能考进这所学校，以后无论是出国深造还是找工作，都是不费力气的事。我们为你创造这么好的条件、替你操这么多心，对你没有什么别的要求。只要你考上清华，到时候你要想干什么，我和你爸爸都不再管你。”

听了妈妈的话，望着一堆堆的辅导资料，琪琪无言以对，禁不住流下了眼泪。第二天，琪琪就离家出走了。

很多父母一辈子没有特别的成就，便把所有的希望寄托在孩子身上，希望孩子实现父母无法完成的梦想。于是，常可以看到有些孩子被迫变成全能选手，如弹钢琴、学跳舞、踢足球、唱歌、滑冰、参加智力竞赛、当班干部，凡是好的东西样样不缺，孩子看起来像个超人，心里却对父母的严厉压迫充满怨恨。父母这种不顾孩子的爱好和理想，强迫孩子按照自己设计的轨道发展的方式，是对孩子的不尊重，并不是真的为孩子好。为了孩子能有一个好的前途，而给孩子过大的压力，结果让孩子因不堪重负而走向极端，反而是害了孩子。因此，作为父母要学会不把自己的愿望强加给孩子，让孩子自由地发展。

父母不要把自己的愿望强加在孩子的身上，不要等着孩子来实现自己的愿望。孩子有自己的人生，有自己的理想，作为父母要尊重孩子的理想，让孩子自己规划自己的未来，给孩子留一个空间，让孩子快乐自由地成长。虽然父母给了孩子生命，但是父母不能代替孩子生活，孩子是一个独立的生命个体，父母可以给孩子爱，但是不能给孩子思想，因为孩子有自己的思想。

做孩子的知心朋友

父母与孩子做朋友，能在全面了解孩子的情况下，有针对性地纠正孩子的缺点，及时改变孩子错误的思想认识，有效减少不良行为的发生。而孩子因为父母像朋友那样与自己交流，也会乐意接受父母的指导与教育。这样，父母就可以更好地帮助孩子，使他们更加健康快乐地成长。

彬彬今年12岁了，从小就被妈妈无微不至地照顾着，是妈妈的掌上明珠。12年了，妈妈从来不肯撒手让彬彬独行，甚至离家几步之遥的地方都不让他独去。妈妈担心他一个人过道车碰着、遇到突发事件不会处理等，彬彬有几次挣脱妈妈的手，想独立地办自己的事，都被妈妈硬给拽了回来，彬彬满腹委屈。

有一次，彬彬想自己上新华书店看书，妈妈没有答应，彬彬非常正式地跟她说："妈妈给我一次机会，信任我吧，我肯定没有问题。"面对孩子近似祈求的语气，妈妈决定给孩子以信任。

两个小时后，彬彬高高兴兴地从书店出来了，一种自豪的表情挂在脸上，看到儿子这种表情，妈妈也意识到自己以前对彬彬的能力太不信任了。从这以后，凡是彬彬能自己处理的问题，妈妈就放手让他去做，有时还把一些重要的事情交给彬彬办，彬彬完成得都还不错。彬彬感觉到了妈妈对自己的信任，变得懂事多了，还告诉妈妈很多知心话，把妈妈当成他的一个好朋友。

孩子从懂事开始，便有了自己的思想，就跟成人一样，渴望被理解、被尊重以及被信任。可是，很多父母往往忽略了这一点，结果造成孩子诸多不听话行为的产生。

对孩子信任，做孩子的朋友，能够激发孩子内心的动力，让孩子体会到成功的快乐和失败的失意。他们会在父母充满信任和友谊的目光与言语中，变得听话起来，变得自信起来，从而能以更加昂扬的姿态面对自己的人生。

源源小时候有一段时间特别喜欢打游戏机，甚至背着父母偷偷去游戏厅。父母通过咨询一些专家得知，适当打游戏机，对开发孩子的智力有好处，所以就托朋友从外地捎了一台游戏机，对于一直以为父母会反对他打游戏机的源源来说，这件事对他的震动很大。后来源源到国外留学，有一次父母在他的博客上看到，有同学问他“到目前为止你最感动的一件事是什么”，源源回答是“妈妈给我买了一台游戏机”。

家庭教育是在父母和子女的共同生活中，通过双方的语言交流和情感交流来进行的。父母与孩子的相互信任是成功家教的重要因素。孩子如果信任父母，就会把父母看成自己学习上的良师，德行上的榜样，生活上的参谋，感情上的挚友。他们也特别希望能得到父母的信任，像朋友一样和父母平等地交流。在孩子的心里，只有父母的信任，才是真实、可靠的。父母的信任意味着压力、重视和鼓励，这是真正触动孩子心灵的动力。父母的信任可使孩子感到他们与父母处于平等的地位，从而对父母更加尊重、敬爱，更加亲近、服从，乐于向父母倾吐自己的心声。

作为父母，不必处处以长者的身份自居，否则孩子会对你关闭心灵之门，让你一无所知。茶余饭后可以和孩子聊聊天，谈谈心，两代人之间的心理距离缩短了，才可以在不知不觉中掌握孩子的脾气、性格、兴趣、爱好等。现在孩子几乎都是独生子女，他们需要朋友的愿望非常强烈，父母应该和孩子站在同一平台，平等交流，把孩子当做最知心的朋友，孩子才会更好地理解父母，这样父母和孩子沟通起来也就会更轻松，更融洽。

权威能让孩子屈服，却不能心服

世界上没有哪个父母想让自己的孩子反感自己，然而由于一些父母在教育方法上的欠缺或不当，使得家庭教育不仅没有效果，反而产生了负面效应，引起了孩子的反感，这样的事情是可悲的。

孩子从他来到这个世界上，就注定了他是世界上独一无二的个体，有着自己的思维和对这个世界的认知。父母要学会洞察孩子的内心世界，要用商量、引导、激励的语气和孩子交流，要多站在孩子的角度去考虑。不能因为孩子小，而随意斥责或辱骂，特别不要去嘲弄、讽刺孩子。 孩子的成长需要自由的空间，要想让孩子健康成长，父母应克制自己的想法和冲动，给孩子自由成长的空间。不要妄图把自己的没有实现的愿望强加在孩子身上，要了解自己的孩子真正喜欢什么，尽量让孩子自己做决定，父母给出参考意见，而不是强行剥夺孩子的选择权。

美国的教育专家大卫·斯宾塞说过这样一句话："除非你可以训练一只猫游泳，或一只狗看着刚打开的狗食罐头而不摇尾巴，否则你千万别以为自己可以百分之百控制自己的孩子。"他认为，孩子的天性是渴望自由和自主的快乐，做家长的最好控制自己的"控制欲"，有时候适当放手反而能给你的孩子提供正面积极的成长空间和发展潜能的机会。

那些拥有奇思妙想的孩子其实从一开始就希望获得自由的发展空间，按照自己的意愿生活。而对于这些孩子的父母来说，让孩子成功的秘诀就是：不要限制孩子的梦想。抚养孩子应当在适当的时候选择放手。你永远无法想象，更无法预测，当这些孩子最终实现梦想，到达成功的彼岸时，你将会多么骄傲而欣喜。

孩子经常会给我们一些意想不到的举止和言行，那些超出了他们年

龄范围，而且令人吃惊的言语就是他们自由思考的结果。孩子远比我们想象得要聪明得多，过多的限制只会让孩子的思维僵滞，没有拓展空间和新意，他们也只能在长辈的指挥棒下“瞎转”。

一个学生说：她的父母对她的管教特别严格、特别细，而且多数是不合理的、限制性的，如不许出去玩、不许看电视、不许玩电脑、不让买自己喜欢的衣服、不让剪自己喜欢的发型、不让自己和男同学交往……这也不让、那也不让，让她感到很反感、很压抑。

还有一个学生说：自己的妈妈每天早晨都要逼自己喝牛奶，父母对自己的关心过了头，他们简直把自己当3岁的孩子对待，这让自己很不开心。一次他和几个同学约好了要去社区做义工，但妈妈就是不让，说那样会影响学习，还说家里也有许多事情，他要是想当义工就在家里干活儿，这让他非常生气，就和妈妈大吵了一顿。

对待孩子不要太严厉、太细、管教太多，也不要简单粗暴，父母们要充分尊重孩子，少采取命令，多一些协商，让孩子在平等宽松的家庭环境中成长，这样才有利于孩子健全人格的建立。

每一个孩子的出生，都是有价值的。孩子是我们的生命延续，但更重要的是，他们要去完成自己的人生。自我价值感是一个人存在这个世界上的基础，这样的人才会有爱，有自由。父母都希望让自己的孩子成为一个属于他们自己的自己，而不是一个复制品。

教育孩子要宽容但不纵容

父母在教育孩子的时候，一定要坚持原则，不允许孩子做的事情，

一定不能姑息，否者就是纵容孩子。比如，父母要求孩子吃饭前要洗手，如果孩子没有洗，就不能吃饭；父母要求孩子做完作业才能看电视，那么即使孩子还差一道题，也不能让孩子看。

菲菲是个很漂亮的小姑娘，但就是不爱干净，给她换一件新衣服，没过多久，就又脏了。爸爸妈妈给她制定了卫生规矩：不洗手就不能吃东西；衣服脏了就要及时换洗；不洗脸就不能出门等。但是，这些规矩也没有起多大的作用。因为爸爸和妈妈在教育菲菲这件事情上常常会有分歧。比如：当菲菲没有洗手就去拿东西吃，爸爸看见了就会训斥她："说了多少次没洗手不准拿东西吃，怎么就是不听话，没洗手吃东西会生病的。"菲菲被爸爸的疾言厉色吓哭了，说什么也不肯吃饭了。妈妈一看见菲菲哭了，就赶紧跑过去，抱着她说："哎呀，宝贝怎么了，不哭不哭，不想洗咱就不洗了。"

规矩在执行的过程中，又被规矩的执行者给否定了，这样一来，孩子觉得无所适从，不知道怎么做才是对的，规矩也就失去了它应有的作用，孩子对父母制定的规矩也就不会遵守了。

很多家庭中，都存在这样一种情况，在教育孩子的时候，父亲是一种态度，母亲又是一种态度；或者父母是一种态度，爷爷奶奶又是另外一种态度。一个严厉，一个宽松，一个斥责，一个袒护。比如：父亲要求孩子的事情孩子自己做，别人不可以代劳；要求孩子起床的时候自己穿衣服，而妈妈却觉得，孩子还小，这些事情现在还不会，等到他长大了，自然就会，于是什么都帮孩子干了；孩子犯了一点错误，父亲要求孩子为自己的错误道歉，母亲却觉得这些都是小事，无关紧要。父母常常为这些事情发生冲突，这些都是不可取的。这会让孩子感到无所适从，久而久之，父母在孩子面前的威信就会荡然无存了。

有一次，菲菲又因为没有洗手，被爸爸妈妈禁止吃饭。当所有的菜都端上桌的时候，爸爸妈妈拿着筷子，故意忽视饭桌前菲菲眼泪汪汪的样子，自顾自地吃起来。既不给菲菲拿餐具，更没有给她盛饭。菲菲看见爸爸妈妈不理她，开始哭了起来，但是爸爸妈妈不为所动，也不看她，继续吃他们的饭。

到最后，爸爸妈妈都吃好了，妈妈已经开始收拾桌子了，菲菲含着眼泪对妈妈说："妈妈，我饿。"

妈妈说："我们说好了饭前不洗手就不准吃饭，去洗手吧，洗完了手，妈妈就把饭菜给你热一热。"

菲菲这一次特别听话，乖乖地跑过去把手洗干净了。从此以后，菲菲对于爸爸和妈妈制定的规矩，坚定不移地执行。

给孩子制定规矩，还要教会孩子具体的执行方法，孩子的一切都是在父母的教导下慢慢学会的，没有哪个孩子一生下来，就什么都会，因此，父母在讲究原则的同时，也要顾及孩子的能力。

有一天，爸爸对菲菲说："菲菲，你现在是大孩子了，自己的事情要自己做，以后要自己洗脸，知道吗？"菲菲点了点头，乖乖地去洗脸了。没过多久就洗完了，她跑过来让爸爸检查。

爸爸一看，埋怨道："你这孩子，怎么脸都不会洗，脸的侧面，耳朵背后都没有洗到，再去洗一遍。"菲菲又跑去洗了一遍，但还是没有洗干净，爸爸不耐烦了，挥一挥手说："行了，就这样吧。"

希望孩子把脸洗干净，却又不告诉孩子如何才能把脸洗干净，这样的教育方法显然也是不妥的。对孩子有要求，同时也要教给孩子执行的方法，孩子才会知道怎么去做。

不要让孩子成为父母虚荣的牺牲品

在生活中，我们经常可以见到这样的情景：父母用熟悉的同学或同龄孩子的优秀表现来激发孩子的上进心，诸如“你看看你的同桌”、“邻居家的孩子如何如何”之类的话整天充斥在孩子的耳边。作为一种教育策略，这样的做法如果父母引导得当，可能会激发孩子的上进心，取得良好的教育效果。小伙伴作为正面榜样会给自己的孩子带来很多积极影响，但相当多的父母出于严重的攀比心理，忽视孩子的个性差异，往往让孩子成为模式化教育的牺牲品。

每个孩子都有自己的长处和短处，有与众不同的个性特点，父母盲目地、笼统地攀比，实际上既是对自己的孩子缺乏信心的表现，也没认真研究为什么自己的孩子不如别人，就一味地羡慕别家孩子，斥责自家孩子，这只能导致孩子越来越消极，越来越没信心。

“从小我就有个宿敌叫‘别人家的孩子’。这个孩子从来不玩游戏，不聊QQ，不喜欢逛街，天天就知道学习。长得好看，又听话又温顺，回回年级第一，还有个有钱又正儿八经的男/女友。研究生和公务员都考上了，一个月七八千工资。会做饭，会家务，会八门外语……”

最近，这则广泛流传于网络和微博的热帖引发了众多网友的共鸣，在新浪微博上，关于“别人家的孩子”的微博就有一万六千多条，并且衍生出不同的版本。多数网友都表示自己小时候被父母拿来和“别人家的孩子”比较过，都十分痛恨这个无处不在的攀比对象。

小秋与文霞是同班同学，两个孩子从小一起长大，学习成绩都比较出色，两位妈妈经常暗地里“攀比女儿”。6月底，学校举行期末考试，小秋考了年级第一，文霞却成绩平平。文霞妈妈感到心里极不平衡，整天给女儿脸色看，还趁着放假给文霞报了英语、数学、物理补习班，督促女儿提前学习初三的课程。她不断告诫女儿："文霞，你必须努力学习，一定要超过她们家的小秋!"

文霞每天苦不堪言，三天两头就要被妈妈劈头盖脸骂一顿。有时候妈妈还不让她吃晚饭，把她关在小卧室里"闭门思过"。然而，文霞的成绩并没有如妈妈所愿，反倒和小秋越拉越远，个性也越来越压抑，甚至有了轻生的念头。

在家庭教育中，父母最好不要拿自己的孩子和别人的孩子相比较，这样的对比，会严重伤害孩子的自尊。不要总是把目光盯在自己孩子的短处上，羡慕别人孩子的长处，每个人都有优点和缺点，父母要善于发现孩子的优点，肯定孩子，关注孩子的哪怕一点点进步。

每一个孩子都是独一无二、与众不同的，每一个孩子都有自己的特点。明智的父母是不会拿孩子去比较，更不会随意对孩子下结论的。因为他们知道，别人家的孩子，他们的长处和优点不是自家孩子全部照搬得来的，反之自己家孩子身上的优点和长处，正是别人家孩子羡慕的地方。倘若有一天孩子也有样学样，拿我们和邻居家的父母比较，那大人们又该如何面对?

拿自己的孩子和别人的孩子相比较，不管是比较孩子的优点还是比较孩子的缺点，对孩子的发展都是有害的。如果用孩子的优点和别人家孩子的缺点比，可能会让孩子滋生骄傲自大的情绪；如果用孩子的缺点和别人家孩子的优点比，则会打击孩子的自信心，甚至孩子会变得一蹶不振、自卑消极或心怀嫉妒。

教育孩子并不是和别人比赛，父母们一定要根据自己孩子的特点来教育孩子，不要和其他的孩子比，特别是不要用自己孩子的弱点和其他孩子的优点比，这样对孩子对父母都不好。要多去欣赏自己的孩子，发现他的特长和点滴进步，并对他的每一点进步及时加以赞扬和赏识，这

样你就会惊喜地发现你的孩子每天都会有很多的进步，也只有这样才能不断地开发出孩子的潜能，让孩子变得越来越自信。

每一个做父母的都希望自己的孩子能快乐地过一生。不去和别人比较才能没有压力，没有压力才能真正快乐起来。所以，要让孩子快乐地生活，就不要拿孩子跟别人家孩子做比较。

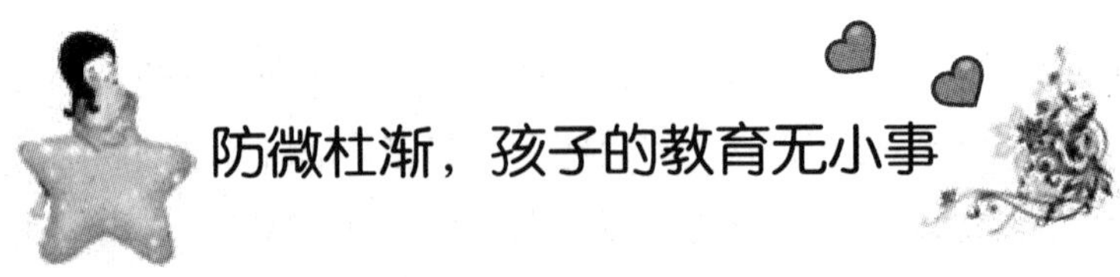

防微杜渐，孩子的教育无小事

“千里之堤溃于蚁穴”、“合抱之木，生于毫末；百丈之台，起于垒土；千里之行，始于足下”，关于大与小的关系，古人有许多富有哲理的论述，“小”的作用不容小觑。而事实上，大事都是由小事积累起来的，大事里面往往包含了许多小事情，许多小事情积累起来也就变成了大事情。

在家庭教育中，即使是微不足道的小事，也不能忽视。曾被称为“扬州八怪”之一的郑板桥，52岁得子，喜不自禁，但是他并不因为老来得子就对儿子溺爱有加，非但如此，他对儿子的要求非常严格。他长期在外做官，和儿子相处的时间很少，但是他并不因此就疏忽对儿子的管教，反而经常通过家信教子。他要求儿子对邻里乡亲“无一不爱，无一不尊重，凡长者来家，寒冬要送上小火炉，以温暖手脚，夏日要捧上凉茶，以驱暑解渴。”

我国著名的教育家叶圣陶先生，在教育孩子的时候，也非常注重一些小事。有一次，叶圣陶先生让儿子拿一支笔给他，儿子拿笔的时候，把笔尖递到了父亲的手里。叶圣陶先生严肃地批评了儿子，他说：“在递一件东西给人家的时候，要想到人家接到手里方不方便，尤其是像刀子剪刀这些比较尖锐的东西，不能拿着刀口刀尖对着别人，这样不礼貌，而且，万一把人家伤了怎么办？”叶圣陶先生教育孩子从小事做起，给孩子很大的影响。

还有一件事：一个冬天的傍晚，叶圣陶先生的朋友来家里做客，两个人很久不见，谈得很高兴。儿子出门的时候，忘记带上门了。叶圣陶先生当时没有说什么，朋友走后，他把儿子叫到身边：“开门关门的时候，要想到屋里还有别人，要轻开轻关。”叶圣陶先生教育孩子从小事做起，一点一滴培养孩子有一个好的品格。不仅让孩子懂得，人是生活在人们之间的，除了自己之外，还有其他人，要时时处处替他人着想，与人和睦相处。

其实，郑板桥和叶圣陶的教子之道，并没有什么高深的东西，无非就是从细小的方面培养孩子的好习惯、好品德。任何人的活动都脱离不了群体，脱离不了社会实践。人的良好思想品德不是天生形成的，它需在经历社会中磨炼和培养。古今中外的名人，伟人的成才，无不是从大处着眼、小处着手，于细微之处见精神的，这诚如列宁早就指出的：不要成为一个光想做大事的空想家，要想做一个善于同细小的要求结合起来的实事求是的实干家，这种小事情有助于大事情。

现实生活中，有些父母虽然也懂得做大事必须要从小事做起，但是在实际的家庭教育中，却往往限于空洞的大而化之的要求，有的急功近利，舍本逐末，而忽略了从小事抓起，从点滴抓起的养成教育。有的父母甚至明知是对孩子有害的东西，却放任、纵容孩子。

在生活中，也不乏把孩子教坏的父母。比如：孩子上学的时候打游戏，明知道这样影响学习，有些父母却睁一只眼闭一只眼；孩子该睡觉的时候却还在看电视，明知道这样对孩子的身体不好，父母却也放任不管。很多父母只关心孩子的成绩，只要孩子学习好，其他的都不在意，从不重视对孩子思想品德的培养。有的孩子喜欢讲脏话，吃饭挑食，甚

至有些不文明的举动，但是父母视而不见或者见而不教；还有的父母常常站在利己的立场上考虑问题，放纵孩子的一些狭隘的、庸俗的、不文明的甚至是损人利己的做法。这些不应该有的疏忽，妨碍了孩子心理行为的健康发展，从小在孩子心头添上了阴影，不加注意，必然影响孩子良好习惯和道德品质的养成。

郑板桥和叶圣陶等名人的教子经验给人以启发，每一位父母在家庭教育中，都应该从中吸取经验，反思一下自己的行为，从宏观方面把握孩子的成长方向，从微观方面认真从小事着手抓好子女的教育，培养他们的好品德、好习惯，这样会使子女终生受益。

“三岁看老，起小看大。”这就是告诉人们要从小培养孩子的善心和善行。如果孩子小的时候，不注意培养他的孝顺之心，不给孩子做好榜样，等到孩子长大成人，再要纠正就很困难了。做大事必须重视细节，要成功必须注重积累，教育孩子一定要从小事抓起，即从孩子的心理、性格、学习、习惯、能力、道德、处世、饮食、运动等多个方面来捕捉孩子成长过程中的细微倾向，并及时而有效地加以引导。

神奇的暗示效应

在生活中，父母会不知不觉给孩子以暗示，一个眼神、一句无心的话，可能就包括了积极的暗示或者消极的暗示。这些暗示对孩子性格的形成、学习和生活习惯的养成以及意志品质等方面都起到不可低估的作用。积极的暗示更胜于说理教育，能起到很好的效果，能融洽父母与孩子之间的关系，对孩子有潜移默化的影响，让孩子在无形中养成良好的品格；消极的暗示则会腐蚀孩子的心灵，让孩子情绪低落，甚至产生自卑和自弃的心理。

在一个小镇上，有个女孩一直都为自己贫困的家庭而自卑。她没有漂亮的衣服和首饰，也很少出门。

一天，邻家的一个大姐姐和几个女孩来约她参加舞会。看着女孩忧愁的面孔，大姐姐爱怜地从包里拿出一个美丽的头花，给女孩戴上。“太漂亮了！”“你今天去了肯定最受欢迎！”其他几个姐妹七嘴八舌地艳羡着。

女孩拿过镜子一照，她也被镜子里面那张动人的脸惊呆了！她没想到，有了这个头花，自己竟然变得这么漂亮，像天使一样容光焕发！

舞会上，女孩果然光彩照人，魅力四射。人们惊叹小镇上原来还有这么漂亮的姑娘。女孩满足极了。她飘飘然地回到家里，却惊奇地发现那个美丽头花并没有戴在头上，而是被忘在了床上。

难道改变女孩容颜和心情的仅仅是一个头花吗？当然不是，是头花带给女孩的自信。自信如同阳光，有了它的照耀，女孩自然会在举手投足一笑一颦间展现出动人心魄的魅力。头花在这里只是产生自信的一个道具，是一个巧妙的心理暗示。

我们经常听到一些父母当着孩子的面对别人说：“我们家这个孩子，整天就知道玩，对学习一点也不上心，成绩在班上是倒数。”“我们家的这个调皮鬼呀，天生就笨，除了玩什么也不会。”这些话带给孩子心灵上一种不可低估的伤害和危害，久而久之，孩子真的变得贪玩，不爱学习了。还有父母经常这样说：“我和孩子爸爸都不喜欢说话，孩子就像我们俩一样。”结果孩子真的不爱说话了。其实，孩子不爱说话未必是父母的遗传，很大程度上是父母先否定了孩子的表达能力。

中国人讲究谦虚，很多父母在和朋友或者老师聊天的时候，都不好意思直接夸自己的孩子，却总是喜欢揭孩子的短：“这个孩子不听话，就知道玩”等，孩子听了会很不舒服，心灵受到打击，甚至产生自卑心理。其实，你大可以把孩子好的一面骄傲地展示给别人。你可以告诉别人：“我家的孩子经常受到老师的表扬”、“我的孩子书法获奖了”、“我的孩子很勤快，很孝顺，经常帮我做家务”、“我的孩子很懂事”等，哪怕孩子并不是你所说的那么好，但是在你夸过之后，孩子就会把你的话放在心上，并将你的话作为自己努力的标准。

知心姐姐卢勤说过这样一段话：“你希望你的孩子是怎么样的一个人，孩子一有这方面的优点，你就要不失时机地夸奖，狠狠地夸奖，哪怕是一丁点的优点，逮着机会就夸。经常给孩子这方面的心理暗示，孩子慢慢就会在这方面发展。而一味地批评，指责孩子，孩子就会把你的批评当成评价自己的标准，会觉得自己真的就是那样的人。”

积极的心理暗示，就像一阵润物无声的细雨，悄悄滋润着孩子稚嫩的心灵，会在不知不觉中改变孩子的行为举止，帮助孩子养成良好的行为习惯，塑造孩子优良的品性。

每个人的人生都不是一帆风顺的，总会碰到这样或那样的困难，跌倒并不可怕，可怕的是跌倒了没有站起来的勇气。从小给孩子以积极的暗示，给孩子摔倒再爬起来的勇气，会对孩子的心理和心智产生良好的影响。

有这样一个故事：

有两位妈妈分别带着自己的孩子在公园里玩，在孩子追逐嬉戏的过程中，两个兴奋不已的孩子都摔倒了。

琳琳的妈妈赶紧跑过去，抱起孩子心疼地说：“宝贝，摔疼了吧？这草地真滑真坏，专摔我们家宝宝！”琳琳本来没有哭，但听到妈妈的话以后，马上像受了莫大委屈一般哇哇大哭起来。

静静的妈妈看见孩子摔倒以后正紧张地回头看她，立即自己也轻轻“摔了一跤”，还就地打了个滚，仰面朝天做出很享受的样子说：“草地像块大毯子，好舒服啊，躺在上面还可以闻到花的香味呢！”静静欢快地笑了，站起来，又倒下去一次，以为这是妈妈在跟她玩游戏呢。

同样是摔跤，为什么琳琳显得脆弱娇气，静静却像没事似的，表现得若无其事呢？这就跟两位妈妈不同的暗示有关。琳琳的妈妈紧张惶恐的态度在暗示孩子，跌倒了是很痛的，“点醒”了孩子疼痛不安的感觉，这就是消极的暗示；而静静的妈妈不但以泰然的态度感染了孩子，暗示她“摔跤没有什么了不起”，还让孩子模仿她的行为，学会“跌倒了也能换个角度看世界”的积极态度。

第二章

走进孩子的心灵，给他需要的营养

走进孩子的心灵，了解他

生活中，孩子接触最多的人是父母，在一起久了，也就容易产生矛盾。这些不愉快的事情发生之后，除了父母会觉得很气愤伤心之外，孩子也会觉得很受伤、很郁闷！甚至有时候，孩子会边哭边冲着父母大声喊叫："我没有你们这样的父母！"听到孩子这样说话，一般的父母都是又生气又伤心，指着孩子数落一通。其实，很多父母都没有反思一下，为什么会造成这种局面，自己的行为让孩子觉得难过了吗？现实中很多父母都感到很迷茫，殊不知，问题就在于他们不明白自己和孩子产生冲突的根本原因是对自己的孩子不了解。

不了解孩子，怎么能够很好地教育孩子呢？不清楚孩子的内心需要，怎么会知道孩子为什么哭闹、耍脾气、故意捣乱呢？不了解孩子所有行为背后隐藏了哪些目的，又如何去引导孩子养成好的习惯、好的个性呢？所以，父母们不要一味地抱怨自己的孩子不听话，也不要一味地只知道为自己的孩子不懂事而烦恼。要教育好孩子，必须要了解自己的孩子。了解孩子，就是要了解孩子的心理；了解孩子的心理，就要知道孩子行为背后的目的。

每个父母都想对自己的孩子了如指掌，都希望自己的孩子能够健康快乐地长大。但是，常常会有父母充满无奈的口气说："哎，真不知道我的孩子整天在想些什么？”这就是做父母的不了解孩子的最明显的表现。

一般在家庭里，妈妈是与孩子接触的最多的人，天天和孩子在一起，为什么还是不了解孩子呢？对于这个问题，很多妈妈们经常会觉得，那是因为孩子没有给自己了解他的机会。

每天早上一起来，妈妈就会为了孩子的衣食住行操心，担心孩子上学迟到的问题，牵挂孩子的冷暖，所以常常会在孩子的耳边提醒：“快点起床，不然就要迟到了”、“多穿点衣服，以免感冒了”等，然而孩子却并不领情，说多了，他们会觉得不耐烦，常常妈妈在说的时候，他们就皱着眉头说：“哎呀，我知道了，你烦不烦呀！”妈妈看到自己的付出孩子并不在意，心里也会觉得很憋屈，忍不住对着孩子又是一顿数落。

其实，每一位父母所做的一切事情都是为了孩子着想，都想让孩子过得更好一些，想让孩子少走一些弯路，都是想要帮助孩子，但是为什么孩子并不领情呢？孩子也有自己的想法，他们觉得父母从来没有把自己当做一个平等的人来看待，他们从来不尊重自己的想法。

父母常常都会出现这样一种认识上的误区，他们总觉得孩子还小，不懂事，身体和心理的发育都还没有成熟，并不懂得什么叫做尊重，还没有这方面的要求。事实上，这样的观点是错误的，曾经有一位教育家在一所学校做了一项调查，这所学校80%的孩子都认为家长对自己缺乏尊重，只有20%的孩子认为家长是尊重他们的。当教育家问到那80%的孩子，父母是怎么不尊重他们的，他们说出了各种各样的理由：“他经常骂我是笨蛋，说我什么也做不好，将来肯定没有出息”、“他一直觉得我是小孩子，什么都不放心，什么都要给我安排好”、“他做事情从来不问我的意见，他说什么我就必须要做什么”、“他经常用命令的口气和我说话，从来不考虑我的意见”、“他经常骂我，把我说得一无是处”等话语。

其实，自从孩子出生之后，他就是一个独立的个体，有自己独立的思维能力，尽管他们必须依赖于父母生活，但是他们内心里却非常渴望独立，渴望得到父母的尊重和理解。孩子往往是非常敏感的，他们又常常爱以自我为中心，向父母提出各种各样的要求，如果父母不顾及他们的感受，用不尊重的态度对待他们，就会伤害到孩子的自尊心。

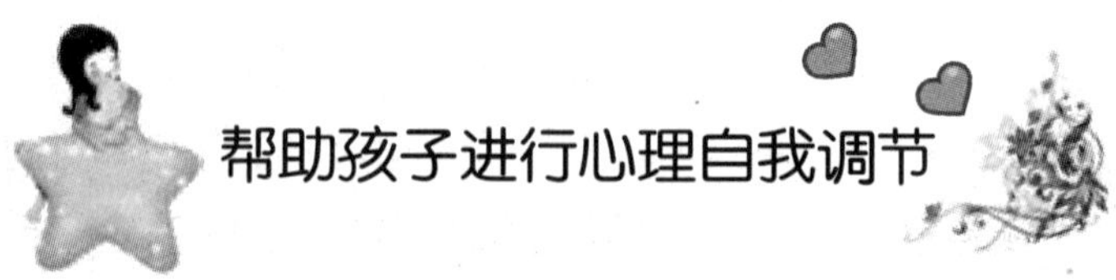

帮助孩子进行心理自我调节

父母要让孩子从小接受心理锻炼，培养孩子坚强的意志和自我调节的良好心理品质。“再穷也不能苦了孩子!”这是过去人们的观念，今天，在人们生活水平不断提高的时候，我们则提出“再富也得苦苦孩子！”再富有的家庭，也不能一味对孩子娇生惯养，让孩子养成“小皇帝”、“小公主”的性格和脾气。

每个人心中都会产生不满，这种不满情绪要有发泄的渠道。如同气球，只充气不放气，迟早会爆炸。人们如果不及时将不良情绪宣泄出来，同样会爆炸。

丹丹要出国深造了，临行前一天晚上打电话约妈妈早点回来。妈妈平时工作很忙，很少跟女儿交谈。这次她早早回家，要与女儿深情话别。没想到女儿一上来就开始了对妈妈的“控诉”，她列举了妈妈的种种“罪行”：

哪一次妈妈冤枉过她，哪一天妈妈怠慢了她的同学，哪一回妈妈伤了她的自尊……丹丹边说边哭。

妈妈震惊了，她怎么也没想到自己的乖女儿对她有那么多怨恨，女儿说的那些事，自己居然一件也记不起来。

妈妈耐着性子听，心想，明儿天一亮女儿就要远走高飞了，就宽容她，让她把一肚子“苦水”全倒出来吧，省得背着走怪沉的。妈妈拿出了平日对待别人的宽容。

妈妈耐心地听，女儿足足讲了4小时，夜深了，人静了，丹丹“痛说”完了，扑在妈妈怀里大哭起来，妈妈也哭了。

妈妈搂着丹丹问：“孩子，这些话你怎么不早跟妈妈说呀？”

“您不是忙，老没时间嘛!”丹丹抽泣着。

第二天一早，丹丹向妈妈告别，她紧紧拥抱了妈妈：“妈妈，我会想你的！”

那天，丹丹没哭，妈妈哭了。她心里非常感慨：这些年自以为给了女儿很多，可是唯独没有拿出时间听孩子诉说，自己从心里觉得对不起女儿。不过，有一件事她还是感到非常欣慰，如今远在大洋彼岸的女儿已成了她的网友。

让孩子以不伤及他人的方式渲泄，是孩子心灵成长的重要需求。倾听孩子的诉说是一把开启孩子心灵之门的“金钥匙”，有利于帮助孩子营造一个健康的心理环境，促进他们身心的良好发展。

孩子与成人一样常有情绪变化，诸如愤怒、哀伤、失望、害怕等。保持孩子的心理健康，必须让孩子适度宣泄，吐露心中的积郁，让孩子吐露出自己的委屈、忧愁、牢骚和怨恨等不快，以达到心理平衡。

适度地让孩子宣泄，对他们的生理和心理都有益处。如果孩子心中的积郁和不快长期得不到宣泄，就会出现注意力不集中、行为呆板、神经失常、精神不振、人际关系紧张，严重时会给孩子个人乃至家庭带来危害。有些孩子闹事、出走、轻生，就是因为不良情绪无法宣泄造成的。

发泄不良情绪最好的办法有三个：一是运动。运动可以消除心理疲劳，也可以疏解心中的不快。那种不让孩子运动的父母是最不明智的。二是释放。找个知心朋友谈谈心，聊一聊，把心中的不满、抑郁释放出来。所以，孩子们有时和同学在电话里、网络上交流并不是坏事，当然要控制时间、有所节制。三是忍耐。忍一时风平浪静，退一步海阔天空。劝解人不要钻牛角尖，很难的道理先不用讲，很难处的人先让着他，很难做的事先缓一缓，很难取得的胜利要利用智慧去获取。

当孩子产生各种情绪时，应该让孩子有机会把它表现出来，而不要去压抑它。如果不允许孩子生气、悲伤、不满和痛哭，那么，孩子只能压抑自己，由于情绪得不到宣泄，其内心体验就会变得更加强烈，长时期地积累在心中，可能会导致其身体和心理的障碍。

如果孩子从小学会化解自己心中的烦恼，也就等于他们取得了进入快乐大门的钥匙。

良好的心态是孩子成功的保证

关于孩子的培养教育问题，鲁迅曾经说过这么一段话，“谁塑造了孩子，谁就塑造了未来，不仅塑造了自己的未来、孩子的未来，更重要的是塑造了民族的未来”。塑造孩子主要是塑造孩子的心灵。可以这样说，谁为你的孩子塑造了一个健康美好的心灵，谁就等于为你的孩子铺就了一条充满阳光、开满鲜花的道路。

人生的很多境遇是没有办法改变的，在面临挫折和苦难的时候，我们唯一能够改变的，只有我们自己面临困难和窘境的态度。无论生活还是工作，我们很难事事顺心，但我们可以做到事事尽心；我们不一定能出人头地，但我们可以尽心地做好自己。很多时候，一件事情、一份工作能否做好，往往取决于我们的态度，积极的态度就是成功的保证。认真细致、尽心尽力地去做每一件事，这样我们才能收获惊喜、成长自己。

一位哲人说："你的态度就是你真正的主人，要么你去驾驭生命，要么是生命驾驭你。你的态度决定谁是坐骑，谁是骑手。"

从前，有两个石匠在山上雕刻石头，有一位老人碰巧经过。

老人问其中的一个石匠说："你觉得做石匠辛苦吗？"

那个石匠点了点头，一脸无奈地说："是的，我每天都要面对一些毫无生命的石头，为了完成一件雕塑，有时不知要磨坏多少根铁锥。"说着，他伸出满是老茧的手掌给老人看。老人同情地望了他几眼。

老人又走到另一个石匠身边问："你觉得做石匠辛苦吗？"

听到老人的问话，那个石匠回过头来，微微一笑说："累是累一些，但当我用手中的锤子和铁锥赋予那些石头以生命的时候，我心里感到很快乐。尤其是当我雕刻出的那些作品被运送到很远的城市里摆放，许多人会看到我的作品，给世界带来美的时候，我就觉得无比的幸福。这难道不是一件非常有趣的事情吗？因此，我不觉得做石匠辛苦，我为我自己的工作而感到自豪。"

听了石匠的这番话之后，老人拍了拍他的肩膀说："幸运之神也会为你自豪的！"

很多年过去了，第二个石匠成了一位远近闻名的雕刻师，他的每一件作品都能卖到很高的价钱。而第一个石匠，仍然在愁眉不展地做着与从前毫无分别的工作。

俗话说："用心造的一枚好别针远比粗制滥造的一把钝斧子更有价

值。”的确，态度决定结果，只有端正态度才能让自己的价值得到最大限度的显现，才能在强手如林的人生竞技场上获得最后的成功。

生活给予每个人成功的机会都是相等的，但并不是每个人都能把握住成功的机会。有些人能够成功，而一些人总是失败，都是因为所持的心态不同罢了。面对生活，一些人总是牢骚满腹，苦恼不已，即使机会摆在面前，也是犹豫不决，前怕狼后怕虎，结果一事无成；有的人无论处在什么样的环境之中，都能保持乐观的心态，用一种愉悦的心态来对待生活和工作，用自己的热情去构筑未来，所以他们能够尝到成功的硕果。

生活是一门艺术。在生活中，只有懂得如何运用人生艺术的人，才能学会把负数变为正数，扩大自己的心灵空间，才可以使人产生无限的激情，为成功之海推波助澜。人生的境遇不可改变，但是我们的心态却可以改变。是选择乐观愉快的心态还是消极烦恼的心态来对待所面临的一切，结果是完全不同的。只有选择乐观愉快的心态，才能充分积攒自身内存的所有力量来应付所面临的困境，才能更好地为成功铺上一砖一瓦。或许，成功正朝着每一个人迎面走来，但它更爱亲近乐观者，所以，永远带着快乐与幸福的你，更能得到它的青睐。

让孩子学会用积极的心态去处世和做人，他才能获得积极的成果，才能把握好自己的心态，驾驭自己的命运。父母应该让孩子从小就明白这样一个事实：在这个世界上，不是只有鲜花、掌声等美好的东西，同时也存在阴暗丑陋的一面。有很多事情，并不是付出了就会有收获，还有很多愿望是没有办法实现的。当孩子有了这些认识之后，他再遇到挫折、困难的时候，就会很快地调整自己的心态，用一个正常的心态去面对它，而不至于选择一些极端的行为。

当孩子对人生的这些挫折有了一个全面客观的认识之后，做父母的，还要教会孩子，学会用正确的方法来排解心中的负面情绪。也就是我们所说的，要学会心理自助、心理调节。

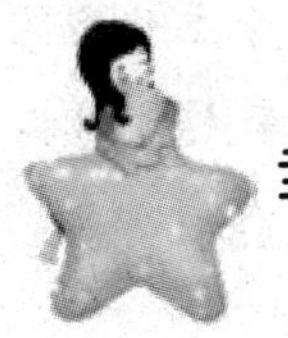

幸福的孩子拥有一颗平常心

每个人的人生都会经历这样或者那样的困难，并不能一帆风顺，心想事成。当愿望不能达成的时候，我们要保持一颗平常心，要经得起失败，看得开得失，荣辱不惊，苦乐随意。保持一颗平常心是一种人生的态度，是一种处事泰然的好品质，更是一种自信和成熟。

现在的孩子，大多数都是独生子女，被父母捧在掌心，万般娇宠，有些孩子好高骛远、爱慕虚荣；有些孩子一碰到困难就灰心丧气，极度情绪化；有些孩子心中只有自己，以自我为中心，从来不考虑别人的感受。因此，父母要及时帮助孩子发现自己的不足，让孩子能够正确地了解自己，改正自己的缺点，从而健康地成长。

李成梁的家里有一盒军棋，有一天被总是喜欢在家里翻箱倒柜的儿子李杰找了出来。当李杰拿着军棋好奇地问爸爸这是什么的时候，李成梁才知道家里原来有这样一样东西。李成梁曾经也很爱好下军棋，但是后来因为工作太忙，就荒废了，看着儿子眼里闪着好奇的目光，李成梁决定教儿子下军棋。

先教儿子认棋子摆棋子，教了几次之后，李杰可以很快地“布阵”了，每个棋子他都能放在正确的位置上。这时候，李杰不再满足于只是摆棋子，直呼要爸爸赶快教他走棋。于是，李成梁就和儿子直接对决，在过招的过程中顺便教儿子规则，还告诉儿子自己在进攻的时候，他应该怎么防守等。当然依李杰的实力，既没有防守之力，又没有招架之功，最后大都惨败在爸爸的手下。随着爸爸一和棋，李杰立刻大哭起来。他一向争强好胜，根本不能心悦诚服地接受失败，李成梁早料到儿子会有这种反应。

这时候，李成梁跳起来大呼："输了的有奖！"李杰一脸诧异，李成梁自顾欢呼着，还请妻子作为评委来发奖品，当李杰拿到奖品的时候，挺不好意思地笑了笑。李成梁知道儿子心里肯定会很疑惑，为什么输了的人反而有奖品呢。

孩子的好胜心太强，在走棋的过程中，为了追求胜利，竟然不惜破坏游戏规则，让他的棋子横行霸道，这是典型的害怕失败的心理。这种心理很危险，人往往就是因为害怕失败才不能获得成功，如果现在不给他及时纠正，李成梁担心儿子在今后的人生中一事无成。

"输了有奖"是为了让儿子再起兴致跟自己对弈，这时候，李成梁趁机对儿子提出要求："要遵守游戏规则，不要太看重输赢，重点是在对弈的过程中，要多观察多思考，学习经验，现在你才刚刚接触，还没有掌握技巧，输棋是很正常的事，等以后你身经百战，掌握了技巧，积累了经验，你就能够成功地打败爸爸，甚至打败所有的对手，那个时候，你就真的很牛了。"

给儿子说明了要求之后，父子俩继续过招。李杰这次有了改变，按照爸爸的提示遵照规则来走棋，不过，有时候下手一快他又违规了，李成梁马上提醒，李杰立即就纠正了过来。虽然李杰由于经验不足造成了失误，规则记得不牢，但是他已经学会用一颗平常心来对待下棋这件事情了。

保持一颗平常心，并不是一种消极放弃的处世态度，而是一种平和的人生追求，一种积极的人生积蓄，一种丰厚的人生积淀。让孩子学会用平常心来对待生活中的得失成败，他才不会对人生的成败得失斤斤计较。父母应该让孩子懂得，生活不一定要轰轰烈烈，开心就行；事业也无须惊天动地，有成就就行；金钱无须取之不尽，够用就行；身体无须长命百岁，健康就行；友谊无须甜言蜜语，想着就行；朋友不在乎多少，有知己就行。人之所以快乐，不是得到的多，而是计较的少。

保持和拥有一颗平常心是一种品格和心态，是一种坦荡的胸怀，是一种宽容的心境，是一种优雅的风度，是世事泰然处之的品质，更是一种高层次的人生境界。

体罚对孩子的心灵伤害有多大

教育孩子是一个长期的过程，不是体罚一两次所能解决的问题。父母们要知道，体罚会严重影响孩子的心理健康。体罚会严重伤害孩子的人格和自尊心，造成心理上的创伤，甚至完全失去上进心。体罚还可能使孩子自暴自弃而感到活着没什么意思，从而走上绝路。

一个孩子遭受的体罚越多，他遇到的情绪和行为问题就越多。与那些没有挨过打的孩子相比，那些时不时遭受打骂的孩子表现出了更明显的沮丧和不自信的征兆。

体罚会促使孩子学会撒谎。父母体罚孩子，孩子为避免皮肉之苦，就要想妙策进行自我保护。撒谎无疑是最好的办法。而我们都知道，撒谎是许多不良品德的根源和庇护者。这意味着，体罚有可能间接导致孩子形成一些不良品德，出现一些不良行为。

体罚很容易把孩子逼上邪路。常受体罚的孩子，会感到家庭成员间关系冷淡，体会不到家庭的温暖而到社会上寻求补偿，一旦受坏人引诱，后果不堪设想。模仿是孩子的天性。常受体罚的孩子可能会变得粗暴野蛮。孩子不能对父母进行报复，就会把对象指向比他稍弱的小朋友，对人家施暴以求发泄而走上违法犯罪道路。

最近，美国《世界日报》报道，专家对1510名2～9岁的孩子进行了4年的跟踪研究，在806名2～4岁的孩子组中，未遭体罚的孩子，智商的平均数比经常挨打者高出5分，而另一组704名5～9岁的孩子，差距是28分。“有些父母动不动就用‘打屁股’来教育孩子，这对孩子身心健康极为不利”。

王兰这几天非常烦恼，原来，她的儿子张勇因沉迷网络竟常常在网吧待到半夜。一年前，当她发现张勇有沉迷网络世界的迹象后，也曾语重心长地跟他谈过心。可是，几番谈心教育丝毫不起作用，心急如焚的王兰发怒了，她抬起右手重重地打在了儿子的后脑勺上。

挨打后的那几天，儿子很乖，不再上网了。可是不久她发现，儿子仍背着她偷偷上网，愤怒中的王兰继续对儿子实行体罚。谁料想最近一段时间，张勇干脆常常在网吧待到半夜，不愿回家。

张勇12岁，正处于青春叛逆期，父母说东，他偏偏要向西，以此来证明自己已经长大。这个时期的孩子也很倔强，有很强的自尊心，他会感到体罚是对自己人格的严重践踏，同时会产生强烈的抵触心理，甚至还会产生报复与逆反心理。张勇在挨打之后之所以不回家，并不是他害怕被打，而是他小男子汉的自尊心受到了伤害，他不愿再面对妈妈。

体罚孩子不但令他们皮肉受苦，还会给他们心灵留下阴影。父母在打孩子时一般会考虑别打坏了要害，却很少考虑孩子也是有尊严的，对父母的教训也有个心理承受的度。孩子天生脆弱、敏感，极易受到伤害。父母一时的怒声训斥和粗暴行为，往往会造成亲子关系的不和谐，严重的还会在自己与孩子之间产生永久性的隔阂。

体罚孩子，孩子的自尊心就会受到严重的伤害，他们很有可能做出令人费解的事情来。体罚对他们的身体肯定是没有好处的，父母越是体罚孩子，说不定他们越是倔强，这样反而不利于孩子的健康成长。有什么事，还是尽量用讲道理的方式来与孩子沟通，让孩子明白怎样做才是最好的。

坏孩子是骂出来的

现实生活中，很多父母都会认为，对于孩子的教育就是要打要骂才会成才，所谓“棍棒底下出孝子”，其实这样的想法是非常不正确的，而且这样的想法已经是非常老旧了。

恐吓和打骂实际上是一种精神暴力，是以镇压为手段，达到控制孩子的目的。没有人喜欢被镇压，因为如果被恐吓、被威胁，内心会充满愤怒，会有一种反抗的欲望，即使暂时慑服于恐吓者的威压，也只会被动地服从，不会主动、愉快地完成指令，更不可能创造性地把事情做好。打骂教育是一种畸形的家庭教育方式，在现代的家庭中，应该避免出现。

打骂是对孩子行为后果的一种不良处理方式，父母的目的是使孩子克服缺点、纠正错误，帮助他们分清是非，明确努力方向。但是，打骂本身并未指明什么样的行为是正确的，与之相伴的常常是孩子的消极情绪。因此，父母教育孩子要做到有理、有力、有效、适度、适时。

中国人历来信奉“棍棒底下出孝子”。其实，这种粗暴的家教方式只能摧残孩子的心灵。教育孩子只能说服，不能压服，只能用爱交换爱，用信任交换信任。

小海是个调皮的孩子，虽然已经上了小学五年级，但还是很淘气，他总是将自己弄得脏兮兮的，自己的房间也是一团糟。小海的妈妈是个

非常爱干净的人，平时总是跟在小海后面给他收拾，耳提面命地要他注意卫生，但是小海总是左耳进右耳出，从不见行动和好转。

有一个周末，小海妈妈的同事李阿姨带着她的孩子来做客。小海妈妈把客人接回来一看，客厅乱得不成样子，满地都是小海的玩具，沙发垫子也掉在地上，吃完的果皮乱七八糟扔在地上、桌上。小海妈妈非常生气，但是当着客人的面又不好发作，只是让小海回自己的房间去玩。中午吃饭的时候，小海妈妈去叫小海吃饭，开门一看，早上刚收拾好的房间变得又脏又乱，小海妈妈气不打一处来，她忍不住走过去拽起小海，狠狠地打了他一巴掌，说："你看看你，搞得那么脏，像个小花猫，都这么大了也不知道羞，我都说你多少次了，看见你我就生气！"

小海被骂得眼泪吧嗒吧嗒地掉。李阿姨一见忙过来打圆场，她对小海妈妈说:"小孩子淘气在所难免，你不能总是这样教训他，时间久了孩子不但不听话，还会有逆反心理。"小海妈妈叹了口气说："是呀，我每天不止一遍地批评他，给他讲道理，可他就是不知道改正，你看看这孩子都成什么样子了，哎！"李阿姨笑着说："别太在意，小孩子都是这样，你可以换种方式来教育孩子，比如表扬他，鼓励他，调皮的孩子都是吃软不吃硬的。"小海妈妈想了想，点了点头。

第二天早上，小海妈妈做好了早饭去小海房间叫他吃饭，笑着对小海说："呀！我儿子今天有进步呀，居然会自己叠被子了，还叠得这么整齐，房间也比昨天要整洁了，真不错，希望儿子明天再接再厉。"小海不好意思地摸着脑袋，看着妈妈笑了。从那以后，小海妈妈只要看到孩子有一点进步，就奖励他，表扬他。这个办法还真有效，小海现在每天都把房间整理得很整洁，和以前简直是判若两人。

经常挨打的孩子，自尊心受到损害，产生自卑，极容易走上自暴自弃、破罐子破摔之路。父母本是孩子最亲近的人，经常遭父母的打骂，孩子会感到人世间没有温暖，活着没有意思，于是悲观厌世。现实中，

由于遭受父母打骂，出走者有之，自杀者有之，造成的家庭痛苦是难以言状的。

经常挨打的孩子会变得脾气暴躁，心惊胆战，产生对父母、对学校、对社会不满的情绪。比如，因为物理没考好而挨打，他便会憎恨物理知识、物理老师，甚至憎恨学校。一旦有机会，孩子可能会做出一些报复性的事情来。

每个孩子都有自尊，希望得到别人包括父母的尊重，而别人的尊重、信任，会使孩子产生自信，这是他们前进的重要动力。因此，父母们应该摒弃这种粗暴的方式来教育孩子，给孩子应有的自尊，孩子的心灵才能够健康成长。

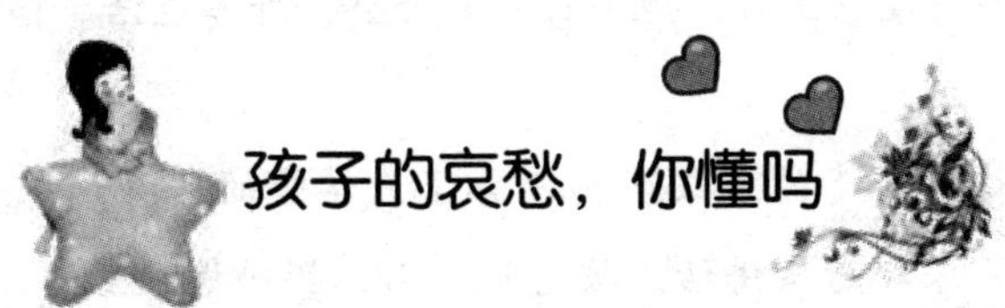

孩子的哀愁，你懂吗

自古以来，人们就说“少年不识愁滋味”。在大人们看来，忧愁从来不跟小孩沾边，忧愁是大人的专利。在这种意识的支配下，父母们难以设身处地地体察孩子的难处，也难以行之有效地分担孩子的忧愁。非但如此，有的父母还会给孩子层层加码，步步施压。但是孩子们的心理发育尚未健全，承受能力有限，压力过大往往会适得其反，不但功课不能学好，而且心理一旦扭曲，还会产生厌学逃学、偷窃扒拿、寻衅滋事、自寻短见等各种不良的后果。

孩子的厌学情绪、逆反心理等都是孩子心中积蓄已久的忧愁焦虑的一种释放，而其最容易找到的发泄攻击对象就是孩子所依赖的父母。如果此时父母对孩子的心理变化一无所知，孩子将会变得更加孤独苦闷，如果父母即使知道了这种变化而不明其中原因，还是用常规的思维和做法去面对，甚至用更为蛮横的手段去弹压，那就很容易火上浇油。

一天晚上，李女士的女儿坐在她旁边写作业，女儿写一会儿，便对妈妈说："妈妈，格格被老师罚抄课文了。"李女士答应一声。过一会儿，女儿又说："妈妈，格格逃训练被老师批评了。"过了一会儿，女儿又说："妈妈，格格和唐唐吵架了。"李女士心想："不专心致志写作业，心里老想别的可不行。"李女士刚想开口批评，可转念一想，觉得女儿可能有心事，否则怎么总说个不停，便说："知道了，等把作业写完再说吧。"女儿点点头安心做作业了。

做完功课，李女士和女儿边洗漱边聊起刚刚说起的话题。格格、唐唐都是女儿的好朋友，格格是班长，学习好，体育也不错，还负责班级网页，她的爸爸在京工作，她平日里和外公、外婆生活。格格、唐唐两人是同桌。

近日，格格负责的班级网页停办了，学校的体育训练也经常不参加，前天自习课和唐唐讲话，被老师记名，罚抄课文5遍。唐唐很无辜地也被罚抄了。今天的自习课上，唐唐说："不要讲话，要不还会被罚抄课文。"很少受批评的格格很生气，反过来就嘲笑唐唐。就这样，两个人你一句我一句地吵了起来，最后就互相不讲话了。现在格格、唐唐都只和女儿说话，女儿思想负担一下重了起来，生怕和一个讲话、冷落了另一个而引起不愉快。

李女士问："是谁的错？"女儿说："是格格不好。"李女士又说："格格为什么会这样？"女儿皱着眉说："格格近来心情不好，还不就是安排的这些事情没做好呗！"李女士又问："那怎么办呢？"女儿想了想又说："明天写两张纸条放在她们的文具盒里，做个和事佬好了。其实，好朋友就应该做出气筒。"

承认孩子的困扰、化解孩子的压力是父母应该做的。作为父母，首先应当告诉孩子，人生总是与酸甜苦辣相伴随的，生活中不尽如人意的事情常有，但是不论发生什么情况，都要尽可能冷静和理智地对待，不要让悲观或者消极的色彩染黑绚丽多彩的人生。

父母更要用自身乐观处世的积极态度去感染孩子，用父母宽广的胸怀去包容、宽慰孩子，用父母的爱心和家庭的温暖去融化忧愁的寒冰，让阳光驻留孩子的心田。

尊重孩子的梦想

人因为有了梦想而伟大！梦想使人产生激情，激发创造力。古希腊著名哲学家苏格拉底曾经说过：“世界上最快乐的事，莫过于为理想而奋斗。”理想，是孩子心灵的翅膀，孩子借助它能展翅翱翔，而理想一旦消亡，生命就像贫瘠的荒野，雪覆冰封，万物不再生长。

李先生的女儿今年上初三了，学习成绩不好，在其他方面的表现也很一般，她特别贪玩，喜欢享乐，虽然有时候也会觉得看电视、玩游戏会玩物丧志，可是又抵挡不了诱惑。她经常流露出对未来的迷茫，完全没有少年人应该有的朝气和活力。有一次，老师给全班同学布置了一道作文题目：《我的理想》。拿着笔，她心里一片茫然，不知从何下笔。看到女儿这个样子，李先生觉得非常苦恼。

理想，是我们人生道路上奋斗的目标。科学、崇高的人生理想，能揭示出人生奋斗的正确目标和方向，它是人们不断进取的动力，是人生的指明灯。有人说过这样一句话："如果你不知道航行旅程的终点，那么任何方向的风对你来说都是逆风。"那么，作为父母，该如何科学地帮助孩子树立远大的理想，又不被孩子嫌"落伍"呢？

孩子读初三了，居然不知道自己的理想是什么。这好像有点难以理解，然而在如今的社会，这样的现象却是不少的。这不仅仅关系孩子个人成长的问题，而且是一个很重要的社会问题。很多父母对孩子对未来茫然而感到苦恼，其实，根本原因是因为父母没有真正了解自己的孩子。没有理想的人，就没有目标，没有目标就没有奋起直追的持久动力。很多父母喜欢安排孩子的未来，一心希望孩子按照自己的意愿去走人生之路，完全忽视孩子自己的想法，这是很不可取的。父母如果要帮助孩子树立理想，首先就要真正了解孩子。在平时的生活中，父母应多与孩子进行情感交流，倾听孩子内心的声音，了解孩子对什么感兴趣，尽可能地尊重孩子的意愿和选择。

对孩子的理想的特点，父母要有所了解。比如：（1）要有明确的目标。很多的孩子会以身边的人或者媒体宣传的人作为自己奋斗的目标。（2）孩子有什么样的兴趣爱好、特长等。有些孩子喜欢唱歌，希望将来能当歌唱家；有些孩子喜欢跳舞，希望将来可以当舞蹈家；有些孩子喜欢画画，希望将来可以成为画家；有些男孩子喜欢踢足球的，希望自己将来能成为马拉多纳或者罗纳尔多等。（3）孩子的理想具有不稳定性。孩子心性，思想还不够成熟，所以追求的目标往往也不够稳定，可能今天喜欢唱歌，明天又喜欢上了跳舞；今天能够安静地坐下来画画，明天又喜欢上了踢球。所以，有句俗话是这样说的："少年多志，理想多变。"

对于孩子的实际情况，父母要做到心中有数。对于孩子的兴趣爱好，只要是正当的，父母都应该给予鼓励和支持。根据孩子的兴趣爱好和特长，父母要因势利导，有意识地激发孩子理想的火花，把孩子的兴趣爱好和孩子的志向一致化，变成孩子的终生奋斗目标。对于孩子的理想，父母不要人云亦云，一手包办，看到什么热门，就让孩子学什么。另外，由于孩子涉世未深，他们一方面憧憬着美好的未来，为自己树立远大的理想；另一方面又过于理想化，对于在实现理想过程中可能遭受的困难估计不足，对于为实现理想要付出的努力和代价，也没有做好充分的思想准备。这一点需要父母进行很好的引导。

父母要让孩子明白，理想是需要经过自己持之以恒的学习、努力的拼搏才能实现的。如果要实现理想，就要脚踏实地，从现在做起，从小事做起。“一屋不扫，何以扫天下”。连小事情都做不好，又怎能担当大任呢？实现理想的过程不会是一帆风顺的，会遇到各种各样意想不到的困难和挫折，只有以一种坚忍不拔的精神去面对困难和挫折，以顽强的毅力去冲破艰难和险阻，才会到达理想的彼岸。

黎巴嫩著名诗人季伯伦曾经说过这么一段话：“我宁可做人类中有梦想和实现梦想愿望的最渺小的人，也不愿做一个伟大的无梦想无愿望的人。因为世界上的一切成功，都是从梦想开始的。”正因为有了梦想，不切实际才有可能变成实际。梦想就像我们人体所需要的氨基酸和微量元素一样，如果缺乏，我们大脑的营养就会跟不上，反应就会变得迟钝，那么我们也就会缺乏宝贵的想象力。

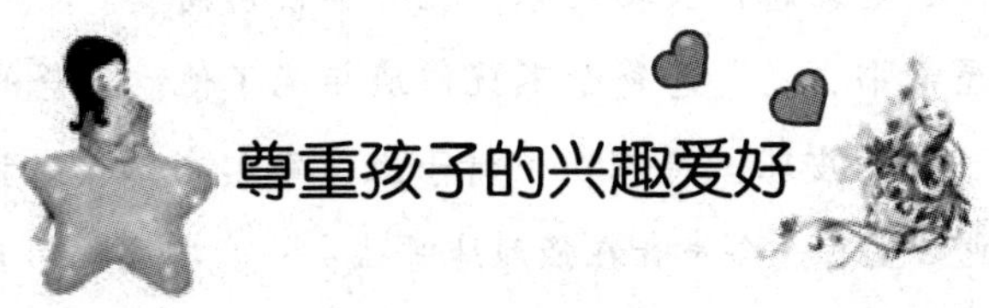

尊重孩子的兴趣爱好

在今天多彩多姿的生活里，父母要学会尊重孩子的爱好兴趣。即使

孩子的这种兴趣爱好可能与父母的期望有差距，但只要是正当的嗜好，就应该尊重孩子。因为孩子在做自己喜欢的事情时，他的创造力和潜力才有可能得到充分的发挥，他的专注、认真、持之以恒的习惯和意志品质才可以得到锻炼。

一些父母从不听孩子的意见，总是说："小孩子懂什么，听大人的没错。"于是把自己的愿望强加在孩子身上。一个女孩，长相漂亮、身材苗条，而且特别喜欢舞蹈。她想在业余时间参加舞蹈班，可她的父母坚决反对。他们不经孩子同意，便在校外给孩子报了英语班、数学班，还不辞辛苦每天接送。孩子不感兴趣，为逃避上课经常撒谎，放学不回家，一个学期结束什么也没学会。她的父母对这一结果感到十分伤心。

父母对孩子的爱好视而不见、听而不闻，更谈不上尊重，会使孩子的爱好、特长得不到发展。如果父母真的关心孩子的未来，就不要把自己的愿望强加给孩子。对于孩子的爱好，只要不是原则问题，就不要干涉过多，顺其发展，并注意观察，然后因势利导，促其发展，且不可主观地为孩子设计好一切，强迫孩子去做，这样会压抑孩子的兴趣，使孩子产生逆反心理。要尊重孩子的意见，如校外兴趣班上或不上，要征求孩子的意见，只要孩子说得有理，父母就应该采纳。

小童从小学开始，就喜欢上了踢足球，上了初中以后，还参加了校园足球队，可是爸爸不让小童去活动，说是怕耽误学习，考不上高中。

这一天，小童又想出去踢足球，就去和爸爸商量。"不行，不许去，给我回屋看书去。"爸爸毫不犹豫地拒绝了他。爸爸的回答让小童立即像泄了气的皮球一样倒在了椅子上。拿起书本，小童一个字也看不进去，他心里有一个声音在强烈地呼喊："我要踢球，我要踢球。哼，不让我去，我在家里也一样踢。"于是，他就在家里的客厅踢起足球来。

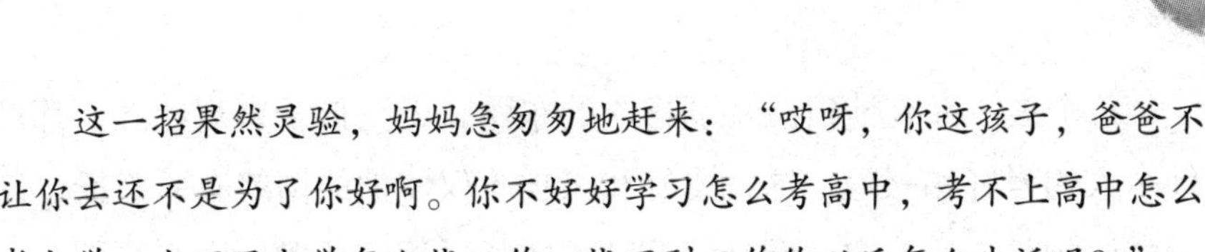

这一招果然灵验，妈妈急匆匆地赶来："哎呀，你这孩子，爸爸不让你去还不是为了你好啊。你不好好学习怎么考高中，考不上高中怎么考大学，上不了大学怎么找工作，找不到工作你以后怎么生活呢？"

小童大声说："妈妈你怎么就只知道让我考大学，成功的路又不止考大学一条。再说，我的学习成绩也不错啊。一星期就三小时，我也应该放松一下啊。"

爸爸在一边接话说："一星期三小时，一个学期下来就是多少小时啊？"

小童无可奈何，含着泪水委屈地对爸爸说："你们从来就不理解我。自从上了初中以来，我从来没有出去看过电影，逛过公园，唯一的爱好——足球也不让我踢了，我的近视就是这么一天天学出来的。"小童越说越感到委屈，泪水再也止不住地流下来。

爸爸似乎被小童的这番话打动了，不再说什么。

小童趁机讲下去："就算我去考大学，人家也要多方面的人才，谁要我们这种带着深度近视眼镜、榆木脑袋的'书呆子'呀。再说，也只有加强锻炼身体，才能适应充满竞争的快节奏学习和生活。"

爸爸放下手中的活儿，终于开口了："好吧，以后每星期六你可以出去踢球，但不能超过三小时。"

小童激动不已，一下子从椅子上跳起来。他终于成功地说服了爸爸。

对于孩子的兴趣爱好，父母们不能不分青红皂白地粗暴阻止，这样做非但收不到效果，反而会使孩子产生逆反心理，不愿和父母讲心里话。行之有效的办法是，孩子喜欢某一样事物，作为父母首先应该帮助孩子分析利弊，若是积极有益的，就应主动地投入到孩子的兴趣当中去，同时加以正确引导和培养，在此基础上把他的兴趣逐渐提高并加以升华，让孩子懂得只有认真学习，才能更多地了解自己感兴趣的事物，才能做自己想做的事。

每个孩子都有他自己特别喜欢的东西，无论孩子喜欢什么，都是他个人的爱好和兴趣。这种爱好和兴趣不仅使他的情绪有所寄托，使他能感到踏实和安定，而且还是孩子成长过程中帮助他学习和创造的导师。

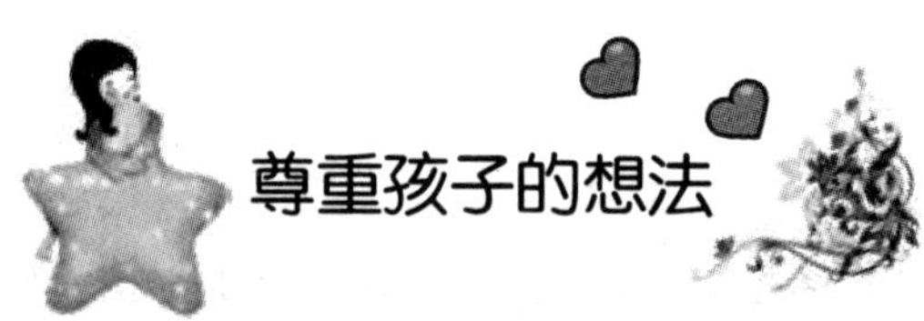

尊重孩子的想法

玲玲的语文老师布置了这样一道题：一只小山羊会吹笛子，吹得很好听，只要它一吹，好多动物都会从四面八方跑来听它的笛声。有一天，小山羊在路上碰到了一只大灰狼……

下面由学生来续写发生的故事。

玲玲的故事写得非常简单：小山羊看到大灰狼来了转身就跑，可是它跑不过大灰狼，大灰狼还是追上来，一下子扑上去把小山羊吃了。

妈妈对玲玲说："宝贝，你的故事太简单了，你为什么不写小山羊吹笛子引小动物们过来呢？"玲玲听了，说："妈妈你知道吗？大灰狼来的时候，小山羊该有多害怕啊，它应该转身就跑，哪有时间吹笛子啊。就算吹笛子也得一边跑一边吹，肯定容易摔倒，大灰狼就会扑上来把它吃了。那么麻烦，还不如直接把它吃了呢。"

玲玲的话让妈妈笑得不行，于是妈妈又启发女儿，那小山羊要怎么才能不被大灰狼吃掉呢？

玲玲想了想说："小山羊如果能跑得很快，就能不被大灰狼吃掉。小山羊平时应该加强锻炼。"妈妈点点头，因为玲玲的这句话，正是她想要的结果。

孩子在懂事以后，便开始思考这个世界，思考他所遇到的每一件事，并逐渐产生自己的想法和观点。父母很多时候总是喜欢把自己的想法强加给孩子，殊不知，孩子有他自己独特的思维，在他的小小脑袋里，藏着一个大大的世界。父母应该尊重孩子的想法。

孩子和大人的想法不一样，在孩子的成长过程中，他们会接触很多事物，这些事物会影响他们的思维，他们慢慢会对大人世界的事情发表自己的看法和意见，这时候，说明孩子有自己独立的思考意识了，这是非常可贵的。父母应该理解孩子的心情，尊重孩子的想法，认真倾听孩子的诉说，在孩子表达自己的想法和观点的时候，要给孩子以积极的赞赏和尊重。

父母的赞赏和尊重，不仅可以让孩子的思考意识和表达能力进一步加强，父母还可以通过倾听孩子的内心，知道孩子的真实想法，从而发现孩子在成长中的一些错误思想，并及时地纠正和引导孩子。

孩子经历的事情没有大人那么丰富，世界观和人生观还不像大人一样成熟，所以对某些事情的处理和看法并不像大人一样处理得很好，这是很正常的现象。即使孩子说的不对，做父母的也千万不要忽略和压制孩子的想法。虽然孩子的某些想法在大人看来可能显得十分幼稚和可笑，但是也不能嘲笑和打断他们，不要总是以大人的思维来要求孩子，而要鼓励和积极引导，给孩子成长的机会，让孩子说下去，允许孩子把自己的观点表达出来。

小小很喜欢看动画片，有一天，小小很忧伤地对妈妈说："妈妈，我觉得一休的妈妈好坏，一休那么小，他的妈妈就把他送到庙里当和尚，还不让一休回家来看她。"妈妈温柔地对小小说："宝贝，一休的妈妈是为一休好啊，她之所以把一休送到庙里，那是因为妈妈希望一休能在那里学到本领，得到教育和磨炼，将来成为了不起的人。"

小小还是不明白："可是一休还没长大啊，他妈妈为什么不等到他

长大以后再把他送到庙里呢？”

“宝贝，你知道吗，我们每个人在小的时候，都像一张白纸，你在上面画蓝的，纸就变成蓝色；你在上面画黑的，纸就变成黑色。小一休也像一张白纸啊，妈妈让一休从小就在庙里接受教育，是为了让一休更加聪明、更加坚强，如果等到一休长大了再去庙里，那时候就晚了。”

“那妈妈也会把我送到庙里去吗？我也去庙里当和尚，以后成为了不起的人。”小小不再那么忧伤了，眼睛里开始闪出光芒。妈妈抚摸着小小的头，微笑着说：“你当然不用去庙里当和尚，寺庙只是象征着一个接受教育和锻炼的环境，就跟你在学校是一样的，你在学校也可以受到很好的教育和锻炼啊。孩子，如果你想成为一个和一休一样聪明的人，那你就要在学校里好好学习，认真听老师讲课，争取把老师讲的知识全部学会。”

小小兴高采烈地搂着妈妈的脖子大声地说：“妈妈，我明白了！我一定要好好学习，我要变得像一休一样聪明，我将来也要成为一个了不起的人。”“好孩子，妈妈相信你。”妈妈高兴地亲了小小一下。

孩子经常会在看漫画书或者看动画片的时候产生一些奇怪的想法，对于孩子的这些想法，父母不能漠不关心，更不能嘲笑，而应该主动地去了解他们，和孩子一起去欣赏和思考。孩子主动和父母谈他的想法和观点，这是对父母的信任和依赖，他是想从父母那里得到解答和安慰。这个时候，父母就应该站在孩子的立场，理解和尊重孩子的想法，耐心地倾听孩子的诉说，平等地和孩子进行沟通交流。不能因为孩子的想法不成熟就不重视，孩子的想法和大人的想法同等重要，孩子的世界应该是和大人的世界平等的。

当孩子在父母和客人谈话的时候突然想要发表自己的看法，不要打击和压制孩子，而应该对孩子说："好吧，宝贝，你也来说说你的观点吧。"如果孩子说的观点是正确的，父母应当及时地给予鼓励："孩子，你说得很对。"当孩子主动和父母说起他对某个人或者某件事的感受和想法的时候，不要不耐烦，更不要敷衍了事，而应该温柔地对孩子说："宝贝，我们一起聊聊吧。"

欣赏孩子，就一定要尊重孩子的想法，把孩子放在和自己平等的地位上进行沟通。当孩子想要表达他的想法和观点的时候，给孩子足够的时间和空间，耐心地倾听孩子的话。

尊重孩子的隐私

隐私，是每个人藏在心里，不愿意告诉他人的秘密。我们每个人都会有自己的隐私，孩子也不例外。随着孩子年龄的增长，他们的生活领域、知识、情感都逐渐丰富起来，自我意识、自尊意识也在不断增强，原先无所顾忌敞开的心扉也会随之渐渐关闭起来。但是，很多父母却没有意识到他们的孩子正在长大，忽略了孩子也会有自己的秘密，总认为自己是孩子的父母，可以无所顾忌地进入孩子的世界、随意闯入孩子的"隐私地带"，甚至粗暴干涉，私拆孩子的信件、监听电话、偷看日记等。

小玲今年上初二了，经常喜欢写日记。她喜欢把日记本放在抽屉里，可是最近她发现母亲动过她的日记本，这让她感觉很生气。于是她想了一个办法，她在抽屉最上边放了一张白纸，纸上放五根头发丝。第

二天，她发现头发丝没有了，显然抽屉被动过。

第二天，她放了一张纸条，上面写道：请尊重我的隐私。结果，还是有人动了她的抽屉。

第三天，她在上边写道：不尊重别人隐私的人也不配得到别人的尊重！这下可了不得了，母亲不再偷看，而是当着小玲的面打开抽屉去看她的信，并说："小毛孩子，还跟我谈什么隐私。"

小玲怒气冲冲地顶撞母亲道："你侵犯了我的隐私权！"母亲听了淡淡一笑："在家里你是我的女儿，你的什么东西我不能看？"小玲因此跟母亲生了很久的气。

其实，大多数孩子的日记里，可能根本没有什么"不可告人"的秘密，他们写下的更多的只是自己的一些思考和心里话。如果父母侵犯了孩子的隐私，就会引发亲子间的矛盾，削弱孩子与父母的亲密关系。

处在青春期的少男少女，总爱在自己的抽屉上把锁，似乎有什么秘密。其实，这是一种正常的心理特征，它体现了一种独立意识和自尊意识，宣告了他（她）已成长为一个拥有个人行为秘密的成人，不再像童年时期那样，心里有什么话都愿意向父母"敞开心扉"。这个"隐秘世界"是孩子自由个性的集中体现，包括父母在内的其他人不可再随意进入自己内心世界的"警戒线"。毫无疑问，保护孩子的"隐秘世界"是对孩子的尊重，父母也会因此赢得孩子的敬重和爱戴。

五年级的晓菲养成了写日记的好习惯。一天，她正在房间里写日记，听到有人敲门。"是谁？"

"是妈妈，我可以进来吗？"

"请进。"晓菲一边答应，一边把日记本合起来。

原来妈妈是给她送水果来了。"又在写日记啊？"妈妈问道。

"是啊，你可不能偷看哦！"晓菲娇嗔地"警告"妈妈。

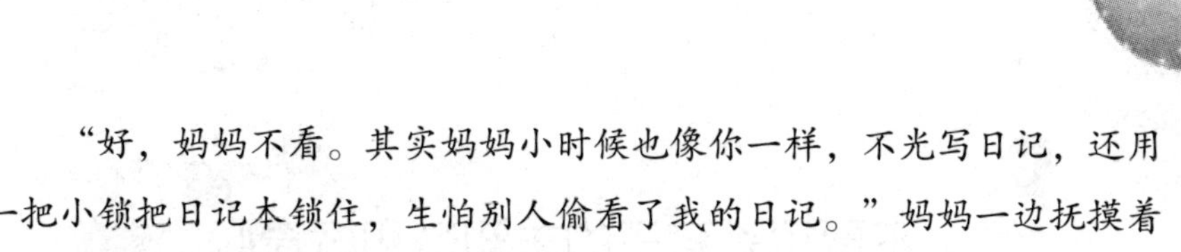

“好，妈妈不看。其实妈妈小时候也像你一样，不光写日记，还用一把小锁把日记本锁住，生怕别人偷看了我的日记。”妈妈一边抚摸着晓菲的头发，一边说道。

“那有人偷看过你的日记吗？”晓菲好奇地问妈妈。

“没有，他们看我日记本上有锁，就知道我不希望别人看我的日记，也就不看了。想想那时候挺好玩的，一把小锁，仿佛锁住了自己的快乐，呵呵。”妈妈笑着对晓菲说。

“我的日记里也有好多快乐。”晓菲对妈妈说。

“我知道，其实妈妈很希望能分享你的快乐，也包括忧愁。不过妈妈会尊重你的意愿，不会偷看你的日记的！”妈妈真诚地说。

“既然妈妈这么说，我倒愿意和你一起分享我的日记了。”

就这样，妈妈既尊重了晓菲的意愿和隐私，又得到了晓菲的信任和爱。

孩子终究是要长大的，孩子大了，内心里有不愿告诉别人的秘密也是自然的事情。尽管孩子的内心世界里的秘密不一定正确，但这些秘密毕竟是孩子成长的表现，也是孩子成长过程中的正常现象。所以，父母们对此应该给以充分的尊重。

在生活中，父母要密切注意孩子在态度和行为上的细微变化。当孩子希望自己的房间没有人打扰时，父母就不要随便进入；当孩子希望拥有记录自己秘密的日记本时，父母就不要偷看，更不能采取打骂体罚的方式。保护个人隐私是适应社会生活的一个方面，保护隐私就是保护自己。当孩子的隐私意识逐渐增强时，父母应当高兴才对。

当父母用自己的语言和行为去赏识和尊重孩子，孩子也同样会尊重你，从而把父母当成他的好朋友。当他们遇到什么事情或者心中有秘密的时候，才有可能主动向父母谈起。

不要扼杀孩子的求知欲和好奇心

好奇心就是对自己所不了解的事物觉得新奇而感兴趣。孩子生下来时大脑是一张白纸，而从生下来那天起，孩子对身边的事物都感兴趣，对新异刺激都表示关注。随着身体的发育，孩子需要通过自己的感官去尝试，去体验，去探索。

好奇心是孩子创造力的表现，许多天才的发明往往都来源于好奇心。孩子常会指着那些新奇的东西，问这是什么，那又是什么，为什么会这样等，而这些让他们产生极大的兴趣的新奇事物，很有可能就是大人们习以为常的东西。但是，父母可不要小看孩子们的这些奇思怪想，这中间往往蕴藏着不可预测的潜能。有关专家在研究北京大学、清华大学学生的学习动机时，发现所有的动力原型都是对知识的新鲜感，即好奇心，好奇心是人类获得智慧的关键。因此，保护好孩子的好奇心，就是保护好孩子未来的幸福。

小野今年三岁了，是个调皮捣蛋的家伙，在屋里翻箱倒柜地忙个不停，一会儿拿个櫈子推推，一会儿拉开抽屉，把里面的东西一件件翻出来，摇一摇，敲一敲，不易乐乎。正玩得高兴时，妈妈从厨房出来了。“不准拿这个瓶子，玩你自己的玩具！”妈妈夺过他手中的瓶子，噼哩啪啦地把东西全放回原处，然后把他的小车扔在地上。小野看了一眼地上的玩具，跟着妈妈到洗手间，看到洗衣服的盆，便拿到手里直接跑到厅里，把小屁股坐在盆上，摇啊摇，真好玩！这时候，妈妈又追出来一把夺过盆子，托起小手一边打，一边说：“看你还敢！”

一整天，小野就是到处找他的“玩具”，但一次又一次被制止了。

好奇是孩子的天性，是驱使孩子去认识世界、改造世界的动力，也是孩子成长的第一步，是值得父母珍惜的。孩子天生好动，难免会有一点危险，但如果父母仅仅为了孩子的安全，处处干涉、限制孩子的活动，这样做不仅会禁锢孩子智力的发展，也会束缚孩子个性的发展。父母处处担心孩子出乱子，这是父母懦弱胆怯的表现，它会无声地传递给孩子，甚至为孩子所继承，所效仿。

在这种环境中长大的孩子，胆小怕事、神经过敏，在当今充满竞争的社会里是很难立足的。所以，当孩子对新奇的事物表现出好奇的时候，父母要加以引导，尽可能地让他们自己寻找答案，以保护他们的好奇心。

陆江上五年级时，他的妈妈被班主任叫到学校，说陆江在数学课上把一条蜥蜴拿出来玩，全班女同学吓得尖叫，乱哄哄的。老师给陆江的结论是：淘气包，贪玩，常捉弄女同学，学习成绩不好，希望家长配合。

母亲把陆江领回家，并没有批评他，她认为：不分青红皂白训斥批评，是教育者的大忌。她心平气和地问孩子："你抓蜥蜴，不怕被咬吗？"

儿子说："蜥蜴没有毒，不咬人。"

"你怎么知道？"

"书上说的。"

"你什么时候抓到这只蜥蝎的？"

"七八天前！"

"这么久了，你用什么喂它？"

"我没有喂，书上说，它饿急了会咬掉自己的尾巴。我想试一试，看是不是真的，至今它还没咬掉自己的尾巴。"

母亲拍了拍儿子的肩膀，鼓励他实践下去，并指导他如何做好记

录。还叮嘱，不该把蜥蜴带进学校，影响班级纪律。

两个星期后，儿子兴奋地说："蜥蜴没尾巴了！"母亲与儿子一起剖开蜥蜴的肚皮，在它的肚子里找到了尾巴，儿子兴奋得不得了。

正在这时，县里要举办科技发明小论文竞赛，母亲便指导他整理蜥蜴实验观察报告参赛，结果荣获二等奖。后来，同学们选他担任科技活动小组长以及学习委员，而陆江也先后考进县重点中学和大学。

十几年来，陆江先后得到二十多次奖励，并被单位委派两次出国深造。

每个孩子都对他们刚刚接触的这个世界充满好奇，作为父母，最重要的是能够发现、发掘这份宝贵的好奇心。学会观察孩子是父母必备的一种能力。你的孩子究竟有什么特点、将来可能会在哪方面有特长、他会有怎样的潜能……都是父母通过一点一滴的生活细节观察出来的。

孩子的好奇心是他智力发展的动力。他会因为好奇，不断地接触新的事物而变得聪明，会因为敢于向新事物挑战而走向成熟。有的父母为了培养一个听话的孩子，而不惜扼杀他们的好奇心，束缚他们的手脚，结果往往是事倍功半，得不偿失。

第三章

孩子心灵的成长需要均衡的营养

父母的包容，是孩子的幸福

包容能培养孩子的情怀，使孩子既不回避错误又能善解人意，长大后会变得更富有耐心。父母能包容孩子，孩子就有胆识直面错误，有胆识改正错误，有胆识尝试新事物。包容孩子，是给孩子一个自省的机会，当然，父母包容孩子也要把握尺度，不能纵容，更不能无原则地包容。

很多时候，父母以奖代罚的方法触动孩子的心灵，不必“批评”、不必“指责”，孩子已经心悦诚服地知错了。其实，由于父母的包容，孩子能心悦诚服地知错而改，这就是一种幸福。

有一个美国士兵刚刚打完仗回到国内，从旧金山给父母打了一个电话。

“爸爸、妈妈，我要回家了！但我想带一位朋友回来。”

“当然可以。我们见到他会很高兴的。”父母回答道。

“有些事必须告诉你们，”儿子继续说，“他在战争中受了重伤，踩着一个地雷，失去了一只胳膊和一条腿。他无处可去，我希望他能来我们家和我们一起生活。”

“我很遗憾地听到这件事，”妈妈说，“孩子，也许我们可以帮他另找一个地方住下来。”

“不，我希望他和我们住在一起。”儿子坚持。

“孩子，”父亲说，“你不知道你在说什么，这样一个残疾人将会给我们带来沉重的负担，我们不能让这种事干扰我们的生活。我想你还是赶快回家来，他自己会找到活路的。”就在这个时候，儿子挂了电话。

父母再也没有得到他们儿子的消息。几天后，他们接到旧金山警察局打来的一个电话，被告知，他们的儿子从高楼上坠地而死，警察局认为是自杀。

悲痛欲绝的父母飞往旧金山。在陈尸间里，他们惊愕地发现，他们的儿子只有一只胳膊和一条腿。

假如，这对父母对“残疾人”有一点点包容，有一点点同情，有一点点怜爱之心，他们的儿子也不会走这条路。父母的包容是孩子心灵最后的港湾，最后的希望!

那些总是抱怨孩子不听话、不上进、不成才的父母们，是不是也应该反省一下，自己是如何教育孩子的？是不是不能容忍孩子的一点点错误呢？其实，孩子并不是不懂事，当他做错事情时，你没有批评他，反而原谅他、鼓励他，他往往会努力改正自己的缺点、错误，以回报你的宽容。

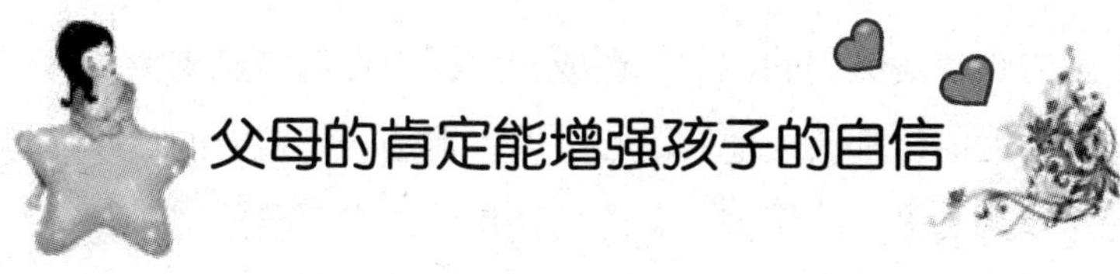

父母的肯定能增强孩子的自信

好孩子是夸出来的！赏识和肯定能增强孩子的自信心，提高孩子在

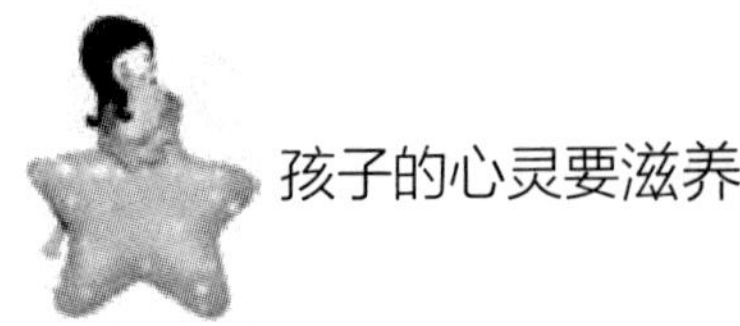

行为方面的表现能力和实际成绩。嘉许中长大的孩子，将会爱人爱己；认同中长大的孩子，将会掌握目标。对孩子来说，只要父母给他们创设一个“肯定、嘉许”的氛围，让他们感到在这个世界上是有价值的，是受人关注的，那么他们就会自觉地改变自己。

肯定是孩子心灵成长的关键，孩子在肯定的家庭与环境中成长，对于养成坚毅的品质、树立自信心十分有利，可是现在一些父母却吝啬给孩子以肯定和赞美。就是孩子考试得了100分，连“孩子，你真棒！”“孩子，你是好样的！”等赞誉的话都舍不得说。要知道积极的评价，对孩子的赏识、赞美是孩子成长的最大动力，是培养孩子自信心的关键。

自信是孩子战胜一切困难的基础。有很多父母常常用“笨蛋”、“没用的东西”、“不争气的家伙”、“废物”等话来讽刺和挖苦孩子，他们看不到孩子自身的进步和努力，也看不到孩子的一些优点、特长，两只眼睛只盯着孩子的考试分数。殊不知，这样的讽刺和挖苦已严重地挫伤了孩子的自尊心，使孩子的自信心一点一点地散失，这是一种多么可怕的心理摧残。

做父母的要学会赏识、鼓励和赞美孩子，学会将习惯指责孩子的食指收起来，把夸奖孩子的大拇指翘起来。多对孩子说：“你今天好棒呀”、“我儿子今天的作业做得真好，字写得非常漂亮”、“今天女儿真懂事，会心疼爸爸妈妈了，真是好孩子”、“哇，宝贝会洗衣服了，还洗得好干净”……让我们的孩子对自己充满自信，对未来充满希望。

孩子的心灵是脆弱的，他们在成长过程中希望得到支持和理解。每一句鼓励的话语，都会使他们信心百倍；但是一句粗暴的呵斥，足以使他们的尊严受到极大的伤害。父母们轻易地否定自己的孩子，对他们的能力表示怀疑，是非常可怕的。“傻、呆、笨、坏”，在孩子的心中是对他们最严厉的判决，父母们的这些语言就等于无情地将他们变成了一个家庭或学校的“另类”，让他们在与周围环境格格不入的同时，心灵世界也会变得一片灰暗。

肯定是孩子心灵成长的“蛋白质”，父母们要看见孩子每一个细微的进步，给他们赞美和认可，不要拿孩子的缺点对照别的孩子的优点，每个孩子都是个独立的生命个体，都有属于他自身的特质，让孩子在肯定中成长是对孩子的一种强有力的心理支持！

苏霍姆林斯基说过：“在每个孩子心中最隐秘的一角，都有一个独特的琴弦，拨动它就会发出特有的音响。要使孩子的心同我们讲的话发出共鸣，我们自身就需要同孩子的心对准音调。”每一个人在他的内心深处都有一种被人肯定的渴望，孩子也是一样。越是生活中受到指责多的孩子，这种渴望就越强烈。

孩子的成长需要鼓励

家庭教育中的表扬同赏识、夸奖、赞许……同类，都是对孩子的积极评价，是对其行为的“良性刺激”。在社会心理学看来，人的社会动机之一是赞许动机，即指人们期望获得他人及社会的赞扬、肯定、承认和鼓励，以得到心理需要的满足。社会赞许动机，对人的行为的培养具有极其重要的意义。

一句鼓励的话能带给孩子新的动力，一句鼓励的话能改变一个孩子的一生。每一个孩子的成长，都需要鼓励，特别是爱的鼓励。

鼓励是培养孩子非常重要的一个方面，每一个孩子都需要不断鼓励，就好像植物需要阳光和雨露一样。但我们往往会轻视对孩子的鼓

励，甚至忘记鼓励。许多人错误地认为孩子需要的就是教育，不断地教育，而教育更多的就是灌输和训导。殊不知，没有鼓励，孩子就不能健康成长。

罗杰·罗尔斯是美国纽约州第五十三位州长，也是美国第一位黑人州长。在种族歧视非常严重的美国，身为黑人的罗尔斯从小就生活在一个声名狼藉的贫民区。在上小学时，他学会了旷课、打架，甚至砸烂教室的黑板。当校长来到教室时，罗尔斯从窗户上跳下，他知道自己砸烂黑板是不对的，于是就主动地伸着小手走向讲台。令他惊讶的是，校长并没有因此责备他，反而说道："我一看你修长的小拇指就知道，你将来能成为一名州长。当然，你与州长的差距现在非常大，能否追上去，只取决于你自己……"校长的这番鼓励，给了罗尔斯无限的动力，最终罗尔斯成功了。

当孩子试着做一件事而没有成功时，我们应避免用语言、行动向他证明他的失败，我们应该把事和人分开，做一件事失败了并不意味这个孩子无能，只不过他还没有掌握技巧而已。一旦掌握技巧，他就能把事情做好。如果我们采取指责的态度，孩子的自信心就会受到伤害，这个时候就不像掌握技巧那样简单了。孩子可能永远做不成这件事情。对成人而言，我们自己首先不能泄气或失去信心。

想要鼓励孩子，最重要的两条是：第一，不要讽刺他，使他受到不同程度的打击；第二，不要过分地赞扬他，以免产生骄傲情绪。我们在对孩子的教育过程中，必须时刻顾及这一点：不要使孩子失去对自己的信心。

在现实生活中，我们可以经常听到一些父母当着自己孩子的面对别人说："你看我家的孩子呀，就是不听话，就是脑子笨，就是不爱学习，天生就不是一块学习的料……"父母对别人说这些话时，可能是一种谦虚或者是一种“叫巧”，殊不知，在一旁的孩子听在耳里，也会记在心上。久而久之，他们自己也会认为自己是一个不听话的孩子，是一个不爱学习的孩子，是一个爱调皮捣蛋的孩子。他们会将学不好的原因归究到自己脑子笨、天生就不是一块学习的料。他们会对自己失去信心，甚至缺失奋斗的目标和方向。

对孩子进行鼓励，从心理健康的角度讲，可以满足人的爱和归属的需要，尊重的需要，这些可以促进孩子的个性结构发展得更完善，而好的个性结构，是每个孩子将来立足社会的根本。在进行鼓励时，有一点非常重要，那就是对孩子的鼓励必须是发自内心的，而且应该贯彻始终。

自由是孩子心灵健康成长的基础

爱孩子就要给孩子各方面的自由，这有利于孩子提高自主、自立、自控能力。

有一天张梅对同事说，她6岁的儿子突然有一天对她说：“我活得太累了！”张梅觉得十分惊讶，问“为什么呀”，儿子回答说：“我干什么都不自由！我要踢球，你们却让我看书；我要看电视，你们却让我画画……”

自由是孩子心灵健康成长的基础。然而，充满竞争和快节奏的现代社会，迫使幼小的孩子不得不过早地承受压力和紧迫感。长期以来，我

们习惯了用成年人的思维来安排孩子的生活，孩子很少有自主性。其实教育家认为，学习是孩子的天性，孩子在婴儿时期就已经开始了学习。但成年人总认为要逼迫孩子学习，结果引起孩子的逆反心理，就是反抗。另外有些内向的孩子，不善于表达反抗，长久积压在心里，便会造成更严重的心理问题。

日常生活中，父母们不妨给孩子多一些自由，比如给孩子管理时间的自由，教孩子成为时间的主人；给孩子零花钱，教孩子从小学会理财，学会量入为出；给孩子读书的自由，让孩子自主获取知识，能更好地培养孩子良好的阅读习惯和阅读能力；给孩子发展自己兴趣的自由，必要的时候帮助发掘孩子内在的潜力。

不少父母抱怨孩子依赖性强、独立性太差，其实，这都是给孩子太少自由的结果。目前，许多父母担心放任孩子会耽误孩子的学习，所以他们通过限制孩子的行动、零花钱、阅读、兴趣等来管束孩子，越俎代庖，以自己的意志、喜好替孩子做决定，更有甚者把自己没有实现的愿望或理想寄于孩子，希望能在孩子身上成为现实。然而，这些愿望往往不是孩子所喜欢的或者擅长的。

一个最为明显的例子便是，在各种各样的兴趣班里，一些孩子学习的内容多是父母的兴趣，而不是他们自己的兴趣，这样的结果会极大地挫伤孩子的学习积极性。

自由能让一个人、尤其是一个孩子焕发出巨大的想象力，产生发散性思维，并把巨大的潜能发挥出来。一个孩子的心灵在没有限制和禁锢的情况下，是自由奔放的，是充满生命的活力的。但是现实生活当中，我们已经很难见到孩子的这种天真与烂漫了。

有一对夫妻开了一家五金店，二人有一个正上小学的女儿，行人晚上出门经过此店，总能看见小女孩儿独自坐在店门口弹琴。初冬的夜晚已让人觉得冷飕飕的了，可孩子还得赤手在风中练琴。练了几遍之后，她回头望望身旁的母亲，那眼神好像在问：“我可以休息了吗？”可母亲却严厉地说：“你就会耍滑，时间还早，接着练。”小女孩儿无奈，只得极不情愿地继续练着。

孩子们的日常生活往往被大人安排得满满当当，甚至如果一天不安排孩子的活动，父母们就会感到不自在。但孩子们真的需要那么多活动吗？

英国心理专家近日指出，对孩子们来说，“虚度光阴”也是一种休息和能量储备，反而是大人对孩子的过多安排会扼杀孩子的独立性和创造力。专家呼吁，应允许孩子在一定程度上“虚度光阴”。

孩子有自己的世界，有自己的梦想，有自己的情感，他们应该为自己而活，而不是为了父母活，为了分数活。只有为了自己活的人，才会由衷地体会到“活着真好”。父母们，请去掉你们过高的期望和过分的压力吧！还孩子一个自由的天地，一个宽松的环境，一个有理想的世界。

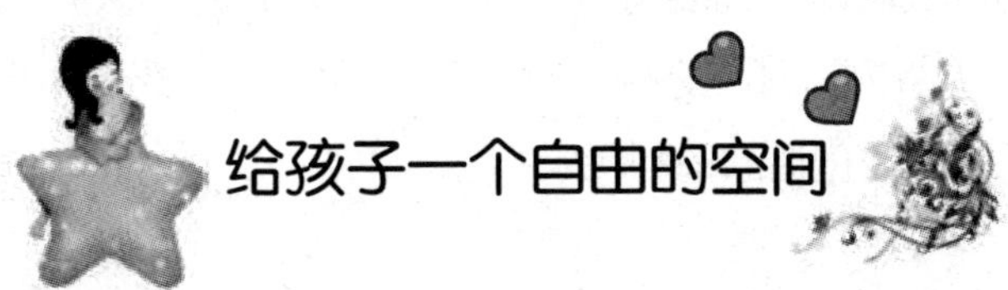

给孩子一个自由的空间

不讲究方式方法的教育往往会成为孩子成长中的负担，对孩子的身心健康极为不利。有些望子成龙心切的父母，不针对孩子的特点，不征求孩子的意愿，硬让孩子参加各种各样的兴趣班、提高班、补习班等，叫孩子学这学那，剥夺了孩子玩耍的时间，湮没了孩子的个性，完全剥夺了孩子自由发展的空间，这只能是揠苗助长，遗害无穷。

孩子在身心发育的过程中，有着广泛的兴趣和求知欲。这些是他们学习的内在动力，要保护这种求知欲并培养其创造力，就需要给孩子一个自由探索和选择的空间。对孩子行为的不当干预，不但会束缚孩子的求知欲，而且会挫伤孩子的自信心，对孩子的智力发展和人格形成都有不利影响。

有一年，高尔基在意大利的一个岛上休养，他10岁的儿子跟着妈妈来看望他。调皮的儿子四处游玩，还把院子里的泥土翻得乱七八糟。高尔基皱起了眉头，但是没有说什么，因为儿子欢天喜地从故乡来看望他，做父亲的不忍心因为一点不快而训斥儿子。不久，儿子回俄国了。

第二年的春天，高尔基蓦然发现自己住所的窗前长出了一些鲜花，他这才知道儿子翻泥土原来是在种花籽。于是，他激动地给儿子写了一封长信："孩子，你走了，可是你栽下的花却留了下来。要是你不管在什么时候什么地方，留给人们的都是美好的东西，那么你的一生将会无比美好……"

孩子的成长和发展需要有一个宽松的、开放的、积极的引导，需要父母的热切期望和耐心等待。对于孩子的发展，要遵循天性，而不能任意抹杀孩子的创造欲望和玩乐心态。

李梅一直给儿子很大的自由空间。儿子刚会走路时，喜欢拿笔在墙上乱涂乱画。李梅就在阳台上给儿子指定了一面"作画"墙，在这里画画，李梅会表扬他，甚至会和他一起画；如果在别的地方画，就要挨批。

儿子喜欢到处翻抽屉。于是李梅就把装有重要物品的抽屉用透明胶带粘住，剩下的抽屉随他翻。然后，李梅把儿子的手指夹在抽屉缝里，

轻轻地挤压，使他感到些许疼痛，然后告诉儿子，关抽屉要小心，否则夹住手指会很疼的。有了切肤之痛，儿子果然牢牢记住了她的话，独自一人玩耍时从未夹住过手指。

即使是有点危险的事，李梅也允许儿子尝试。两岁的时候，有一次儿子无意中从沙发爬上了书柜，却不知道怎样下来，吓得大哭。她立刻赶到儿子身边，但没有大呼小叫地把他抱下来，也没有呵斥他。而是在后面紧贴着儿子，防止他突然掉下来，并一步步地教他："用手抓紧书柜层板，再把脚踩到沙发扶手上，然后把手放低一些，抓住下面这个层板，脚再往下踏在沙发上，然后放手，就能从沙发上爬下来了。"她一边说一边做示范。儿子不敢放手，李梅说："别怕，妈妈在后面保护你。"战战兢兢地，儿子在她的帮助下终于爬了下来。等儿子情绪稳定后，李梅又鼓励儿子爬上去，按她教的步骤再爬下来，反复试了几次。这时，儿子的恐惧已变成了一种探险后的惊喜。

真正给孩子自由的空间，让他们的生活少一些约束和羁绊，多一分理解和信任，让他们活得快乐些，也许有一天父母会收获一份意想不到的惊喜。有一位成功的父亲说得好，如果你想把孩子培养成参天大树，而不是小小的盆景，那就把他放到广阔的天地里去。给孩子自由，有自由才有成长，有成长才有创新。

孩子也有表达感情的需要

过度的溺爱会导致孩子的无情！通过情感教育和感恩教育，培养孩子的爱心、感动的能力、责任感，是十分必要的。

很多父母只关注孩子的学习，对孩子付出了许多，却从不想回报，忽视了对孩子的情感教育。对孩子进行情感教育，进行情商的培养非常重要：一是要培养孩子感恩的心；二是培养孩子善良的心。不要在孩子心里种下自私的种子，从小培养孩子与人分享、谦虚、孝心等良好的品质，让孩子学会做人的道理。

孩子的表达能力、自控力、适应性、独立性、人际交往能力，决定了他受人欢迎的程度，决定他是否善良、友爱、尊重他人，决定他是否能承受压力、坚持不懈等。父母们不仅要处理好与孩子的关系，还要帮助他处理好师生之情、朋友之情等各种情感。对孩子投入百分之百的爱没错，但是必须讲究艺术，讲究科学。

第一，不能溺爱，要知道溺爱就是淹死人的爱；第二，掌握好分寸。简单说就是要爱到知心贴心的程度，爱到孩子有心里话愿意告诉你的程度。同时还要加强与学校、老师的配合，形成合力，共同关注孩子的心理健康。

在孩子交友方面一定要用尊重、保护的态度来对待孩子的情感，绝不能疑神疑鬼，妄加指责。恋人在表达情感时都会说“我爱你”，在对孩子的情感教育中同样需要说出“我爱你”。父母把孩子抱怀里亲切地对孩子说：“孩子，我爱你，你是妈妈最爱的人。”也要教孩子会对父母、老师、同学说“我爱你”。孩子搂住爸爸的脖子说：“老爸，我爱你”，你就给孩子的额头一个吻，孩子的心里也会感到更加甜蜜。

培养孩子感动的能力，让孩子做一个感情丰富、知恩图报的人。一个人应该具备这样一种素质，那就是他能够为生活中一些习以为常的东西所感动，并随时地把这种感动调动起来，化作一种力量。其实很多孩子的感动，就在我们父母的不知不觉、一点一滴中失去的。孩子给我们倒一杯茶，给我们拿一双拖鞋，剥了一块糖，我们很理所当然地拒绝了孩子，甚至根本没有在意。正是在这一点一滴当中，孩子逐渐失去了感动的心理，而对这一切都理所应当地接受了。

如何培养孩子的这种感动的能力呢？一个最好的方法，就是要让孩子学会对养育自己的父母感恩。作为父母，我们一定要在乎孩子的这种感恩的行为，在乎孩子的爱，在乎孩子的回报。

培养孩子情感的第二方面，就是要培养孩子善良的能力，让他有一颗善良的心，做一个善良的人。马加爵就是一个非常典型的例证。应该说，马加爵非常聪明，各方面素质也非常突出，从小学到高中一直是班里的前几名，并顺利地考入了大学，而且学的是生命科学。但是他没有一颗善良的心，最终走上了杀人犯罪的道路。善良是一个孩子最大的道德。一个孩子如果从小没有一颗善良的心，那他的聪明、机智、勇敢、无所畏惧等，这些品质越是突出越是卓越的话，长大之后可能给你惹的祸就越大，对我们这个社会造成的危害也就越大。

脆弱的孩子难以成功

现在，大部分的父母只重视孩子的吃、穿、住和孩子的学习成绩，但是对于孩子的独立生活能力、吃苦耐劳的精神和向困难挑战的勇气却常常被忽略了。苦难是一笔财富，在孩子的成长道路上，各种困难、失败、挫折和艰苦，都能给孩子以锻炼，让孩子变得更加坚强。

在日常的生活中， 父母应该适度地对孩子进行挫折教育。适度的

挫折教育对孩子的成长很有帮助，能够让孩子学会临危不惧，处变不惊，百折不挠，逆流而上。在面对困难的时候不会手足无措，能够让孩子更加有韧性。

在对孩子进行挫折教育的时候，也要适度，如果一味地只给孩子苦头吃，就会让孩子过早地承受打击，时时处于“临危”、“处变”、“百折”、“逆流”之中，缺乏安全感，这样只会严重挫伤孩子的自信心和意志力，从而影响孩子的心理健康教育。那么，父母应该怎样对孩子进行挫折教育呢?

1. 了解孩子的特点

挫折教育要因人而异，父母要根据孩子的具体性格进行正确的教育。比如：有些孩子有着极强的自尊心，特别爱面子，这种性格的孩子在遇到挫折的时候特别容易产生沮丧的心理。对于这种类型的孩子，父母千万不要过多地指责和埋怨，点到而止即可，最重要的是要对孩子多加鼓励和支持，要根据孩子的承受能力进行教育。

孩子在遇到挫折的时候，如果他的承受能力较强，父母就应该启发孩子，和孩子一起分析遭受挫折的原因，放手让孩子自己去解决问题。

而对于承受能力较弱的孩子，父母应该帮助他确立切合实际的目标，从简单到复杂，从容易到困难，让孩子不断地看到自己的进步，从而逐步形成克服困难和挫折的能力。

2. 让孩子认识挫折的必然性

父母要告诉孩子一个道理：经受挫折是人生难免的，人生活在社会上，由于自然的因素和社会的因素，不可能全是鲜花和掌声，成功和荣誉，更多的时候是泪水相伴，挫折相随。比如天灾人祸，疾病的折磨，朋友的背叛，理想的破灭等，会让我们本来美好的人生陷入不幸。

父母要帮助孩子树立正确的挫折观，对孩子进行适度的挫折教育，

增强孩子的抗挫折能力。

3. 让孩子拥有一个健康的身体

很多的孩子都缺乏对环境的适应能力。其实，对环境的适应能力只有在适度变化的逆境中才会变得更加强大。因此，适度的“劳累”对孩子身体的健康成长是很有帮助的。比如：在周末或者节假日的时候，父母可以带孩子去徒步郊游，去爬山，逛公园等，这些都是很好的锻炼身体的方法。孩子从中体会到劳累，体会到艰辛，才更能够明白，在生活中只有不断地付出，才能有所收获。

4. 让孩子正确面对失败

当孩子因为遭受到失败的挫折，情绪低落的时候，父母不要以怜悯的态度对待孩子，或者抱着孩子心痛地长吁短叹，更不应该从此把孩子呵护得更紧。

这个时候，父母最应该做的，是要告诉孩子：每个人都会经历失败，失败并不可怕，我们要从失败中吸取教训，学习经验，勇敢地面对失败。

5. 父母和孩子做知心的朋友

父母要与孩子做到真正意义上的平等，家庭民主至关重要。父母要把孩子真正地放在和自己平等的位置上，尊重孩子的人格尊严，才能被孩子接受，被孩子认可，孩子才能把自己的心里话说给父母听，父母才能了解孩子的内心需求，从而对症下药。

6. 有意识地给孩子创设困难情境

苦难也会变成人生的财富，让孩子经历挫折，对形成孩子的坚强意志是很有好处的。孩子摔倒了之后再爬起来，对孩子来说，是一个非常重要的磨炼过程。

当孩子遭到失败和挫折的打击，能够依靠自己的力量去战胜它，以后即使碰到更大的困难，他也能够面对，能够克服。孩子只有通过自己的力量去完成某件事，才能积累到某些经验，才能比较客观地认识到自

己的能力，从而产生一种求知的欲望和信心。

因此，父母可以有意识地安排一些可能失败的难题给孩子，教给孩子一些摆脱困难、解决矛盾、克服困难的办法，让孩子凭着自己的努力去克服困难，战胜困难。

7. 要善于利用生活中的事例给孩子树立榜样

孩子的思维具有直观性，生动活泼的形象往往更容易打动孩子，因此，父母可以利用生活中的事例来教育孩子。当然，父母也要以身作则，以自己的行动为孩子做好榜样，教育孩子勇于面对困难，面对挑战。

8. 让孩子学会控制自己的情绪

当孩子遭受挫折或者愿望得不到满足的时候，就可能会产生一些负面的情绪，或者失去信心，或焦躁不安。因此，父母要教会孩子懂得控制自己的情绪，引导孩子想办法以其他合理的方式去达到自己的目标。

9. 给孩子适度的批评

有些父母因为怕孩子受到委屈，因此即使是孩子做错了事情，也从来不会批评孩子，说孩子的不是，天长日久，孩子就会养成只听得进赞扬的话，而接受不了别人的批评的坏习惯。

父母要让孩子明白：人无完人，每个人都有缺点，自己的缺点自己往往难以发现，但是别人却很容易发现。旁观者清，当局者迷，只有在别人批评自己的时候，自己才能够知道错在什么地方。其实，很多时候，别人指出自己的缺点并不是因为别人讨厌自己，而是帮助和爱护自己。

父母应该告诉孩子，有缺点并不可怕，知错能改，善莫大焉，只要改正了还是好孩子。

有很多父母将挫折教育简单地理解为给孩子吃点苦头，这是不正确的。挫折教育是要让孩子学会正确地面对失败，在失败时怎么尽快调整好心态，充分发挥自己的能力和潜力去取得成功。

挫折教育能够强化孩子的坚强意志，增加孩子的定力，为孩子今后走向社会，在激烈的竞争中脱颖而出打下坚实的基础。

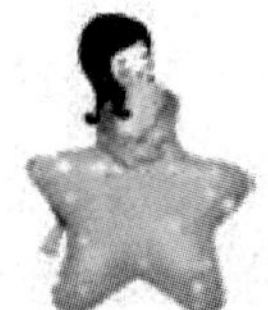

良好的人际关系从分享开始

一个从小懂得与他人分享的孩子，能够更充分地融入社会中，被社会接纳，也能够更好地适应社会。分享不仅包括物质上的分享，还包括思想上和情感上等精神上的分享，甚至还有对家庭及社会的义务和责任的分担。当孩子能够主动与别的小伙伴分享自己独有的一份东西时，就常常能赢得别人的好感，容易被别人接纳，从而为进一步交往打下良好的基础。

因此，父母要让孩子体会到与他人分享的乐趣，改变孩子自私的意识和行为，让孩子更好地适应集体生活，更好地适应社会。

孩子不愿意和别人分享的原因有这样几点：孩子年纪还小，还不懂得分享的含义；孩子在家里被宠惯了，心里只有自己，以自我为中心等。孩子心理发展的局限性导致孩子在认识和适应外部世界的时候形成一种不自觉的行为，这种行为在家庭里表现得不是很明显，但是在集体的氛围下就充分表现出来了。

现在的家庭，很多都是独生子女，在家里被所有的人捧着、护着，没有与兄弟姐妹分享的机会和经验，缺乏互帮互助的品质，在他们的心里，认为属于自己的东西从没有必要也不需要和别人分享，对于他想得到的东西，父母也会千方百计地满足他。

随着社会的进步，经济的迅速发展，家庭居室逐渐独门独户化，

也为孩子“独占”、“独享”思想的滋生提供了温床，很多的孩子缺少与社会环境接触和沟通的机会。在这样的环境中成长，孩子就会逐渐养成凡事以自我为中心的习惯。

当然，孩子的自私并不是生下来就有的，父母后天对孩子的教育、培养以及言传身教对孩子有着重大的影响，父母的教育态度和教育方式都会潜移默化地影响孩子的行为。

要让孩子学会分享，父母可以从这几个方面来培养孩子：

对于还处于幼儿时期的孩子来说，拒绝与他人分享食品或玩具是非常正常的事。这个时期的孩子，意识里还没有你、我、他这样的意识。只有在孩子两岁的时候，他才会渐渐清楚自我的存在，在这个过程中，父母不要操之过急。孩子有的时候会表现出一些分享行为。比如：孩子有时候会把自己嘴里好吃的食物往父母的嘴里塞，把正在玩的好玩的玩具放到父母的手里，希望父母能够陪他一起玩耍，其实，孩子表现出来的这些行为，都是分享的意识，父母应该给予孩子鼓励和表扬，尽量避免斥责孩子。孩子感受到和父母分享的乐趣，他也就会懂得分享了，这是对孩子启蒙教育的要求。

父母要让孩子在潜移默化中感受到这点，把孩子“分享”的意识转化为孩子自发的行动，比如：家里买了什么好东西，要全家人一起享用，不能让孩子一个人独占；经常带孩子走亲访友，让孩子亲身体验在别人家中分享别人东西的快乐，从而学会将自己家中的东西拿出来分享；多带孩子过集体生活，比如大家一起出去游玩，和大家一起分享快乐。

游戏是孩子的天性，也是孩子最喜欢的活动，要让孩子在游戏中学会团结，学会和大家一起分享。父母要在适当的时候给孩子鼓励和表扬，强化和巩固孩子的积极行为。当孩子尝到分享的甜头，他在下次的行动就会自觉地与人分享。当孩子发自内心地想与别人分享，他才能真正地体会到分享的乐趣，从而使自己更加开心和快乐，在与别人分享的过程中，孩子也才能真正体会分享的实际意义。分享能够促使孩子建立起健康的意识。即使孩子年龄再小，他也是一个独立的个体，因此，父母应该尊重孩子的意愿，采取正确有效的教育措施，让孩子学会分享，懂得分享。

父母可以给孩子创设一定的情境：比如在孩子玩玩具的时候，可以让孩子与其他的小朋友交换玩具，轮流拍球，到最后玩具还是属于他的。这样既能让孩子体会到分享的乐趣，又能够建立孩子心里的安全感。

父母不要把自己的孩子和别人相比较，特别是在公众场合。生活中，我们常常看到有的父母这样呵斥孩子："你怎么这么小气呀，你看看人家的小孩多大方啊，你把你的玩具给别的小朋友玩一会儿怎么了呢？"有些父母甚至还会强行夺去孩子手里的东西，结果惹得孩子大哭大闹。

分享的精髓在于平等与博爱，父母强迫之下的分享只会让孩子产生逆反心理，反而变得更自私。如果父母跟孩子说："你干吗把你的糖分给他吃呢，他可是从来都不给你的"、"他从来都不把玩具分给你玩，你还跟他一起玩"等，把分享当成一种交易，就抹杀了分享的本意，孩子会出于个人的好恶，来选择自己亲近的人。这样的教育对孩子的成长，其实是不利的。

我们也常常会看到这样的情境：父母有时候会逗孩子："宝贝，来，给妈妈吃一口你的饼干好吗？"等到孩子把饼干塞到妈妈的嘴里的时候却说："宝贝真乖，妈妈不吃，妈妈逗你玩呢！"父母可能会认为孩子真的很大方，这样逗孩子无伤大雅。但是事实上，这样教育孩子，并不是在教孩子学会分享，而是在扼杀孩子的分享意识。分享并不等同于孩子的大方，分享的意义在于孩子能在分享的过程中建构与他人友善和谐的关系，并体会交往中的乐趣。因此，如果父母想帮助孩子建立分享的意识，那就需要让孩子能直接看出他的分享带给你的乐趣和快乐的

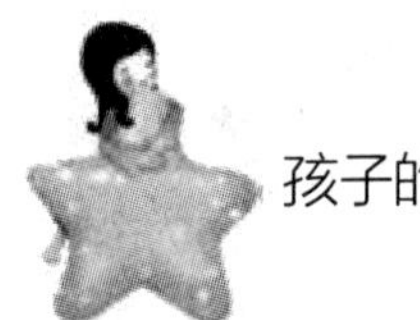

感受。

现在大多数的家庭都是独生子女，孩子长久独居，很少与外界接触，如果父母不善于交际，不习惯和陌生人交往，孩子就容易形成孤僻的性格。父母可以鼓励孩子去交朋友，邀请朋友来家里玩，父母要热情招待，为孩子做出榜样；去上学的路上，可以和周围的小伙伴同行；买了新的玩具，和小伙伴们一起分享，让孩子逐渐习惯并适应集体生活。

有些孩子在家里很活泼，但是在外面却不声不响。这样的情况有可能是孩子在家里经常得到父母的表扬，但是在外面尤其在学校，觉得自己不如别人，从而丧失信心，遇事退缩。父母要和老师配合，发现和利用孩子的某一个优点，让孩子在集体活动中显现出来，当孩子受到老师和同学们的赞美时，他就有了信心，也能够和同伴自在地相处了。

有些孩子比较小气，在和同伴的相处过程中，一点亏也不能吃。这个时候，父母就应该对孩子严格要求，并且为孩子创造出和其他孩子玩耍的条件，引导孩子和其他孩子和睦相处，建立友谊。

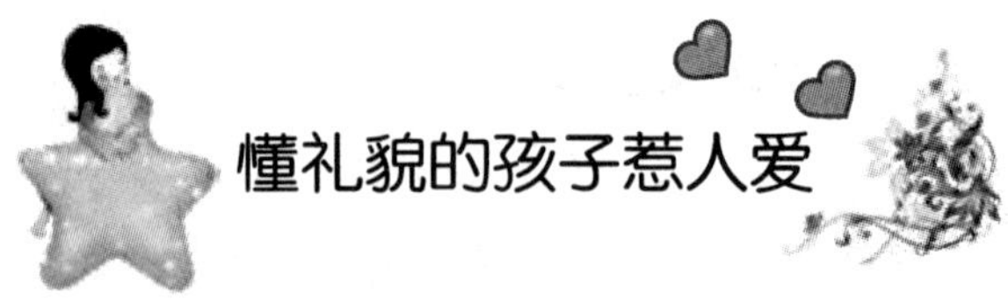

懂礼貌的孩子惹人爱

孩子乖巧又有礼貌是每个父母的愿望，礼貌是一个人的基本素养，讲文明讲礼貌，是做人的起点。每个人来到世上，学习做人就是从讲文明讲礼貌开始的。懂礼貌的孩子更容易为大家所接受，成为一个受欢迎的小朋友。所以，我们要从小培养孩子懂礼貌的好习惯，这会使我们的

“小天使”更招人喜爱，更易融入社会。而且，培养一个彬彬有礼的孩子，也是我们进行家庭教育的前提与基础。

孩子处于人生的初级阶段，从小对他们进行礼貌教育是成人应尽的义务和责任。文明礼貌不仅创造充满爱心的环境，给自己带来快乐，带来温馨，也能给他人、给社会带来愉快和谐。

孩子的礼貌是后天培养出来的，而孩子天生喜欢模仿别人，父母要特别注意自己的言行举止。做到对待别人要有礼貌，出门或回到家要给家里人打招呼，平时说话不要大声喧哗，吐词要清楚，说话要注意看着别人的眼睛等。父母和邻里的关系、对于长辈的态度以及日常生活的为人处世，都是孩子学习礼貌的范本。有了大人的示范和榜样作用，孩子在自己遇到类似情形时，自然会学父母的做法。

琳琳是一个活泼开朗的小女孩，但是不太懂礼貌。琳琳想吃苹果了，会冲着妈妈大喊：“我要吃苹果！”妈妈为了教会琳琳使用礼貌用语，就故意装作没听见。

琳琳叫了几声，见妈妈不理，就跑过来说：“妈妈，你有没有听见我说要吃苹果呢？”

妈妈说：“我听见了，可我不知道你在叫谁呀，你又没有叫‘妈妈’。”

琳琳笑着说：“妈妈，我想吃苹果。”

“说得还不对。”

“怎么又不对了？”

“你要说：‘妈妈，我想吃苹果，请您帮我拿，好吗？’”

琳琳重复了一遍这句话后，妈妈才去拿了苹果。

等琳琳吃完，转身去玩时，却被妈妈一把拉住说：“还没完呢！”

琳琳瞪着大眼睛说：“完了，吃完了！”

妈妈说：“你还没有说声谢谢呢。”

“哦，还要说声谢谢？”

“当然啦，别人帮你做了事，你怎么可以不说声谢谢呢？”

这位母亲就是这样一点一滴训练女儿学会使用文明语言的。

培养孩子懂礼貌的习惯要从小做起，并且在一开始就使用正确的教育方式来引导孩子。如果您的孩子现在仍旧沉默腼腆，请爸爸妈妈们不要着急，因为好习惯的养成，是需要经历漫长过程的。

有这样一个故事：

从前，有一只很不懂礼貌的鸭子，大家都叫他“喂先生”。“喂先生”到商店里买东西，总是摇摇摆摆地走进来，扯着大嗓门对售货员叫道：“喂，给我拿条围巾。喂，我还要买一顶帽子。”

鸭子到剧场看表演，老是坐在位子上不满地嚷道：“喂，大声点儿，大声点儿，我一句也听不清。喂，前面的坐低点儿，挡着我了。”

于是，大家就送了这只鸭子一个外号：“喂先生”。

可“喂先生”对自己的这个名字一点儿也不在意，依然“喂喂”地叫着别人。于是，他身边的朋友越来越少，而不喜欢他的越却越来越多了。

是啊，谁会喜欢像他这样没有礼貌的家伙呢?

这个故事中的那只鸭子“喂先生”就是一个不懂礼貌的人。没有礼貌的人是不受人欢迎的。礼貌是拉近自己和他人的一座桥梁，懂礼貌的人容易让别人接受，成为一个受欢迎的人，所以父母们要从小培养孩子讲礼貌。

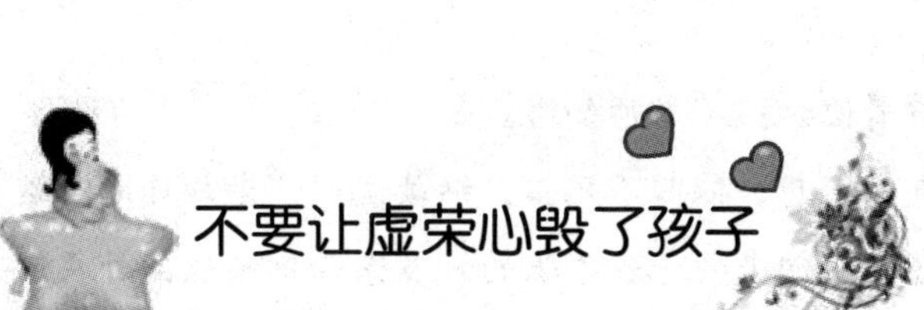

不要让虚荣心毁了孩子

虚荣心是指以虚假的方式来保护自己的自尊的心理状态，只追求表面上的光彩。虚荣心是对荣誉的一种过分追求，是道德责任感在个人心理上的一种畸形反映，是一种不良的心理品质，其本质是利己主义的情感反映。

孩子渐渐长大了，母亲也许会发现年仅五六岁的孩子对穿衣服常常表现出执拗的态度。虽然气候突然变冷，可孩子偏不愿意穿那件旧棉袄，为了给小伙伴们看看身上这件新毛衣，情愿挨冻。有的吵着非要买和某个小朋友一样的滑雪衫不可。目前孩子们这种挑穿的现象并不少见，特别是独生子女。

根据抽样调查，挑穿的孩子独生子女占27%，非独生子女占10%。这些数字应该引起人们的思索，生活条件越是好，子女越是少，教育孩子的责任就越重。当然，大多数父母对孩子过早爱打扮持批评的态度。但是他们并不知道造成孩子这种行为的根源往往在于父母自己的虚荣心，这种例子在生活中是很多的。

李丽在一所私立小学教书，她们班上有一位小朋友的爸爸是市里某著名企业家的儿子。新学期开始的时候，李丽让每个同学做自我介绍，轮到这个小朋友的时候，他说：“我叫小刚，我爸爸很有钱。”

见他表现出一副很自豪的表情，李丽对他说：“好的，请坐。”

可他又说了一遍：“我爸爸很有钱。”

老师说：“老师听到了，请坐下。”

下课的时候，这位小朋友还不死心，追着李丽说：“我爸爸很有钱，老师你知道吗？”

李丽看着他说："老师知道。"

小朋友想了想，依旧不死心，继续说："老师你看，这件衣服是爸爸从国外给我买回来的，我家里的好多东西都是从国外买回来的，很贵的。"

李丽心想：这个孩子一定是炫耀惯了，所以对老师的态度不适应，要一而再再而三地说自己的爸爸是谁。可是，要不是孩子平时听到或者看到一些不好的风气，他怎么会知道炫耀自己的父母，炫耀自己的衣服呢？

于是，她蹲下来微笑地看着这位小朋友说："你和其他同学一样，都是我的学生，你的爸爸无论是做什么工作的，都和大家一样，都是社会的一份职业。你以你爸爸而自豪是对的，但是也不要把这当做是资本啊！你以后的生活还要靠你自己去创造，这样爱慕虚荣是不对的，知道吗？"

从小爱虚荣的孩子，喜欢听人的赞扬声，好出风头，长大往往工作不踏实，甚至爱弄虚作假争取赞扬，并妒忌别人的成绩。因此，父母不要在服饰上为孩子花太多的工夫。要让孩子懂得平时与节假日有区别。在节假日或孩子过生日时，可以让孩子穿得漂亮一点，他会特别高兴，但要注意大方、自然。

"美"是人的天性， 爱美之心人皆有之。父母在为孩子穿着时，教会孩子正确的审美观，使孩子能辨别什么是美和丑；同时还要告诫孩子衣着穿戴的美只是一种外表美，真正的仪表美还要加上风度气质、言谈举止等。

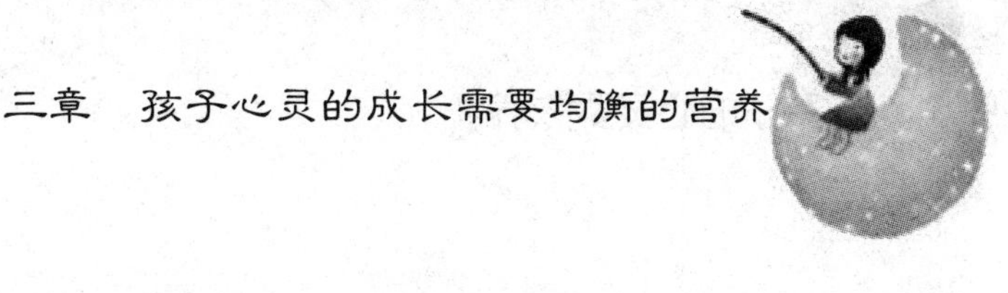

别让孩子养成自私自利的坏习惯

孩子自私的表现是孩子过分关心自己，只注意自己的欢乐和幸福，很少考虑他人，一切以满足自己为主。自私自利的观念对孩子影响很大，要及时纠正。只要让孩子学会付出，学会帮助他人，就能克服自私自利的坏习惯。

现在的孩子一般都比较自私、自大，喜欢以自我为中心。原因虽然是多方面的，但这跟孩子的生活环境，跟我们父母对待独生子女的态度有着密不可分的关系。在家里，孩子被视为掌上明珠，全家人像众星捧月一样宠着孩子。好玩的东西是孩子一个人的，好吃的东西也是孩子一个人的。对孩子而言，这种泛滥的爱让他们感觉一切都是理所当然的。

聪聪是个聪明可爱的小男孩，但是，他却养成了自私自利的坏习惯。聪聪和爸爸妈妈生活在一起，在家里，他是绝对的权威，但凡他的东西，就是爸爸妈妈也不准动一下。比如说，爸爸妈妈给他买了点心，如果爸爸妈妈说:“聪聪，我们尝一点吧？”他肯定会一口回绝。

家里要是来了小客人，聪聪就像如临大敌，他绝不会让小客人碰他的玩具。吃饭的时候，他还会目不转睛地瞪着客人，说:“那是我最喜欢吃的牛肉，不准你吃!”弄得大家都非常尴尬。周末，聪聪去奶奶家，只要见了奶奶家有自己喜欢的东西，他就会提出带回家。要是爷爷奶奶提出要上他家去玩儿，他一定会阻拦，弄得他的爸爸妈妈非常尴尬。

现在，大部分孩子都是独生子女，父母对孩子特别娇惯，有好吃的

全留给孩子吃，有好用的也都留给孩子用。渐渐地孩子就认为什么好的东西都应该是自己的，丧失了分享的观念。所以，做父母的不能什么都围着孩子转，在任何事情上都要平等，以免助长了孩子自私自利的性格。

小远今年8岁了，有一天中午，天特别热，小远吵闹着要吃西瓜。妈妈赶快到菜市场去给他买。

当妈妈顶着烈日、满头大汗地拎着西瓜走进家门时，小远就冲妈妈嚷嚷：“妈，你怎么这么慢啊？我都渴死了！”妈妈赶忙走进厨房，洗净后切开西瓜，下意识地尝尝西瓜甜不甜。这时候，突然听见小远那刀子一样的吼声：“谁让你先吃啊，你赶快给我吐出来!”

妈妈目瞪口呆地站着，简直不相信这些话出自自己一向疼爱的孩子之口，不免泪水盈眶。

小远发现妈妈哭了，接着说：“算了，这次我原谅你，下一次可不允许你这样了啊！”他的语调俨然成年人般不容分说，妈妈心如针扎。她没想到孩子会这样对待自己，也不知道他怎么就会说出这样的话……

这种现象已不值得惊奇，这都是父母为自己种下的苦果。所以，做父母的一定不要让孩子觉得自己就是一个中心，家人都应该围着他转。

孩子的自私自利主要表现在这样一些方面：只顾自己，一切以自我为中心，尤其是在金钱和财物上特别吝啬、贪婪。自己的东西无论如何都不会给别人，而又特别希望得到别人的东西。这样的孩子很难有知心朋友，其行为还会令大人感到厌烦。许多自私自利的孩子在外面不知道关心他人，而在家里也不知道心疼父母。尤其是当父母生病的时候，因为自己得不到好的照顾，甚至还会对生病的父母发脾气，让父母感到特别寒心。

“心底无私天地宽”，自私的人只会把路走得越来越窄，直至陷入绝境。人要学会付出，才能活得有意义；能够付出爱和宽容的人，才能找到一片广阔的天地。

不要嫉妒，化解孩子心理的“毒瘤”

嫉妒是一种不良的心理状态，是由于个人与他人比较，发现别人在某一方面或某几方面比自己强而产生的一种羞愧、不满、怨恨、愤怒等组成的复杂情绪。

和大人们一样，孩子也会妒嫉，而且他们的妒嫉心理往往更加强烈且奇特。当孩子发现别人那儿有自己想要的东西的时候，无论是相貌、玩具、老师的表扬，还是父母的关注，他们的内心就会有一种小小的嫉妒油然而生。

芊芊今年6岁了，是一个非常可爱的孩子。

一个周末，芊芊妈妈的同事带着自己两岁的儿子到芊芊家玩，妈妈很热情地接待了她们，并开心地逗同事的儿子玩耍。刚开始，芊芊也挤过去亲了亲小弟弟，但没过多久，她就有些不高兴了，因为妈妈抱着小弟弟，一点也没有放下的意思，还又亲又笑的，她觉得自己受到了冷落。

于是，芊芊开始大声唱歌，可没人注意她，芊芊又跳起了自己最擅长的舞蹈，可还是没有人理她。终于，芊芊忍不住了，她忽然间摔坏了自己的杯子，然后坐在地板上放声大哭，把妈妈的同事和妈妈弄得非常尴尬。

嫉妒心理的一个特征是希望嫉妒对象发生变化，由好变坏。父母千万不可以用贬低孩子所嫉妒对象的办法来减轻孩子的嫉妒心理，那样会导致孩子过多地去看别人的不足而放弃自己的努力。

在日常生活中，父母的一言一行都会影响孩子。父母首先要自己养成开朗、豁达的个性，不为一些琐事而斤斤计较。如果父母在孩子的面前总是说一些嫉妒的怨言，孩子会以为爸爸妈妈也经常这样，那么嫉妒是一种正常的行为。相反，如果父母为孩子树立良好的榜样，久而久之，孩子就会在潜移默化中形成豁达的个性，就能减少嫉妒情绪。

说嫉妒是一种可以理解的正常的情绪反应，但这并不意味着父母可以对孩子的嫉妒心理采取听之任之、放任不管的态度。因为经常的嫉妒情绪，会演变为人格的一部分。另一方面，孩子嫉妒心过强，也容易受外界的刺激，产生诸多不良情绪，不但影响进步，而且对身心健康极为不利。同时，嫉妒对个人、集体和社会均起着耗损作用，是一种对团结、友爱非常不利的情感。这种缺点如果保留到长大以后，那么孩子就很难协调与他人的关系，很难在生活中保持心情舒畅。建立良好的家庭环境，家庭成员间团结友爱、互相尊重、谦逊容让，这是预防和纠正孩子嫉妒心理的重要基础。

有嫉妒心理的孩子，往往有自身的性格弱点。如：与人交往时，喜欢做核心人物；当不能成为社交中心时，就会发脾气；同时，他们不会感谢人，易受外界影响等。对有性格弱点的孩子，父母要悉心引导。

在孩子面前，要对获得成功的人多加赞美，并鼓励孩子虚心学习他人的长处，积极支持孩子通过自己的努力去超越别人、战胜自己，使孩子的嫉妒心理得到正当的发泄。孩子学会了事事处处接纳他人、理解他人、信任他人，不但会发现他人的许多优点，而且也会容忍他人的某些不当之处，求大同存小异。这样，孩子的人际关系就会变得融洽和谐。

让孩子懂得节俭，远离虚荣和攀比

父母们可以从这几个方面入手去培养孩子勤俭节约的好习惯：

1. 经常给孩子讲勤俭节约的故事，潜移默化地影响孩子

“谁知盘中餐，粒粒皆辛苦”，父母们应该让孩子明白，我们吃的东西，穿的衣服，用的东西，都不是天上掉下来的，而是父母们通过辛辛苦苦的劳动得来的。

2. 以身作则，给孩子树立良好的榜样

父母是孩子最亲近的人，孩子模仿的对象，一言一行都对孩子有很大的影响。父母要给孩子做好表率，小到吃尽碗里的饭粒，随手关灯，大到不随便购买衣物，有计划地进行家居建设，以步代车等。榜样的力量是无穷的，父母的所作所为，一定会深深地影响孩子。我国古代皇帝赵匡胤，提倡节俭，反对奢侈。其儿女在他的影响下，不穿用翠羽装饰的贵重短袄。节俭风气举国盛行，国力也日益强盛。

3. 从小培养孩子正确的消费观念，教孩子怎样花钱和省钱

适度地满足孩子的要求，不对孩子无原则地迁就，让孩子学会珍惜父母的劳动成果。让孩子学会废物利用，比如说草稿纸一面用完了，再用另外一面；把废旧的纸箱做成储物箱；用破毛巾当抹布等，这样不仅能让孩子养成勤俭节约的好习惯，还能锻炼孩子的动手能力。教孩子计划开支，合理用钱。当孩子手里有一定数目的钱的时候，父母应该教孩

子怎么合理地使用。比如说，孩子的压岁钱、奖金，这些钱在孩子手中，如果没有父母的指导，孩子就可能会胡乱花掉，看到什么好玩的、好吃的，都买。因此，父母要教会孩子怎么合理开支，帮助孩子提高消费能力。

4. 给孩子提供实践的机会

让孩子参加力所能及的劳动，懂得珍惜自己和别人的劳动成果。父母可以让孩子干一点力所能及的家务劳动，让孩子体会到劳动的辛苦，劳动成果来之不易，从而学会珍惜现在的劳动果实。

哈里的祖父洛克菲勒是美国洛克菲勒财团的董事长，父亲是曼哈顿公司的经理，他们不仅自己生活节俭，也不允许子女们铺张浪费。

这个家族有个家规，孩子18岁以后经济完全独立。哈里是美国哈佛大学经济系的高材生，他曾经到纽约港曼哈顿码头参加劳动，开吊车把集装箱从货轮上卸下来。他说："我父亲年轻时比我更苦，当年他在普林斯顿大学读书，为了交付昂贵的学费，每到假期就到密西西比河的货轮上当水手，干着最脏最累的活儿，这样才读完大学。祖父虽有钱，但我从不伸手要钱。"

英国王子威廉10岁时就放弃了宫廷生活，按女王的要求去上住宿学校，每隔三周才能回家一次，一学期只有9英镑的零用钱。他幼年时使用的婴儿车还是父亲30年前用过的那一辆，玩具也是父亲当年玩过的木质玩具，节日礼物多为廉价品。

让孩子从小学会勤俭节约，就是要让孩子学会吃点苦头，在蜜罐里泡大、没有吃过苦的孩子，根本不知道财富来之不易，也根本不知道珍惜自己拥有的幸福。有的孩子随便抛撒浪费粮食，不爱护衣物，对玩具随意搞坏，乱丢乱扔，弄得残缺不全，浪费严重。所以，让孩子经历艰难困苦，懂得"勤俭"二字，对培养孩子健全的人格具有重要的意义。

教育孩子做事情要有计划和条理

做事情有计划不仅是一种做事的习惯，更是一个人性格的一部分。对于孩子来说，做事情缺乏条理、没有计划是儿童时期的一种自然反应，但如果此时父母不注意引导，孩子们往往会养成不良的个性。

许多孩子都有早晨起床找不到袜子、学习用品或者生活用品的现象，这便是做事缺乏计划性和条理性的坏习惯造成的。

教孩子做事条理清楚，首先孩子必须会做这件事，自己能够努力地去完成，而且应该是他自己喜欢做的事。在做事之前，父母应该把这件事的要点给提炼出来，简单地介绍一下过程与方法，孩子做完之后父母需要对他的成绩作出评价，好的方面直接表扬，做得不够好的地方就指出来，然后教他更简单更有效的方法，让他重新来过。当然，父母必须要有足够的时间和足够的耐心。

有一个商人在小镇上做了十几年的生意，到后来他竟然失败了。当一位债主跑来向他要债时，这位可怜的商人正在思考他失败的原因。

商人问债主："我为什么会失败呢？难道是我对顾客不热情吗？"

债主说："也许事情并没有你想象的那么可怕，你不是还有许多资产吗？你完全可以再从头做起！"

"什么？再从头做起？"商人有些生气。

"是的，你应该把你目前经营的情况列在一张资产负债表上，好好清算一下，然后再从头做起。"债主好意劝道。

"你的意思是要我把所有的资产和负债项目详细核算一下，列出一张表格吗？是要把门面、地板、桌椅、橱柜、窗户都重新洗刷、油漆一下，重新开张吗？"商人有些纳闷。

“是，你现在最需要的就是按计划去办事。”债主坚定地说道。

“事实上，这些事情我早在15年前就想做了，但是一直没有去做。也许你说的是对的。”商人喃喃自语道。后来，他确实按债主的主意去做了，在晚年的时候，他的生意成功了！

要让孩子学会有计划地做事，父母可以把自己在工作和生活中制订的计划示范给孩子，让他们观摩领会；把自己的家庭计划告诉孩子，征求孩子的意见，让孩子帮着做计划。

李雪天天都为女儿做事没条理而烦恼。她的女儿张虹已经上高中了，却还是经常乱放东西，把自己的房间弄得一团糟。

有一次，李雪跟同事说起了这件事情。同事对李雪说：“我女儿以前也是这样，一次，我家里来了个小客人，她做事非常有条理，每次都帮助我女儿整理东西，教她怎么整理自己的房间和东西，结果，我女儿现在做事很有条理。要不，你带你女儿到我家住两天，让我女儿教教你女儿好了。”于是，李雪就把张虹带到了同事家。两个女孩玩得很高兴，一起玩拼图、玩棋类游戏等。两人玩得差不多了，同事的女儿便很自觉地收拾东西，并放回了原来的地方。张虹看着女孩收拾，也帮忙收拾起来。第二天，张虹就学会了主动去收拾东西。

做事条理分明的好个性并不是一朝一夕就能养成的，因此父母不能心急，要注重在日常生活的细节中培养孩子做事有计划的好个性。在日常生活中，父母要经常指导、督促孩子有条有理地做事：告诉孩子，房间摆设要井井有条，用过的东西要放回原处，以免需要的时候找不到;晚上睡觉之前，要整理好书包，准备好第二天要穿的衣服，并督促他们做到做好……这些对帮助孩子养成做事有条理的好习惯很重要。

第四章

关爱孩子的心灵健康成长，从点滴做起

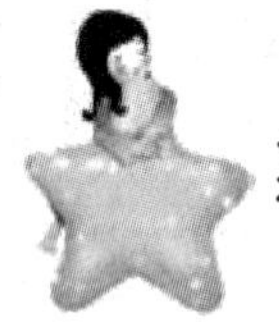

期望过高，孩子生命不能承受之重

几乎每一个做父母的，都对孩子的前途和未来充满希望，希望孩子健康、漂亮和聪明，希望孩子出人头地，光宗耀祖，希望孩子当大官，挣大钱。望子成龙、望女成凤是每个父母的心愿。因此，父母们常常会忘记一个显而易见的道理：他们的孩子也是通过自然生产而降生的普通人。给孩子幸福，便是让他的天性自然发展。对孩子期望过高，只会给孩子带来压力，阻碍孩子的发展。

在《渔夫和金鱼的故事》里，有一个老太婆，她本来能够得到一样东西，但是后来她的欲望不断在增加，她的要求一个又一个，最后她想要的东西都得到了还不满足，她希望把金鱼都归她所有，最后她却一无所有。现在很多爸爸妈妈的心态有点儿像《渔夫和金鱼的故事》里的老太婆，就是不能够满足。对孩子成长不满足，殊不知，不满足最后的结果却是一无所有。

期望是爱，父母对孩子无限的爱会在不知不觉中转化为对孩子美好的期望。爱是责任，对被爱者而言甚至有可能转化成一种负担，成为压在心头的沉重包袱。爱得越深，期望越高，责任越大，包袱越重，孩子稚嫩的肩膀和心灵就会承受不住。

10岁的彤彤是家里唯一的孩子，也是爸爸妈妈的掌上明珠。从小父母就对她要求很高，希望她能够在各方面都非常出色。

因此，父母为她设立了非常高的标准，除了在学校里进行正常的学习和活动外，爸爸妈妈还给她增加了许多课余的活动，如练钢琴、练舞蹈以及其他活动等。父母要求她在所有活动中都成为最优秀的。而彤彤也很争气，无论是在学校还是在地区活动中，她都被认为是难得的优秀孩子。

但是在她的生活中，却有一些令人无可奈何的状况。比如：她对别人的评价非常敏感，略有微词便情绪低落，而且在行为上，经常有神经质的表现。另外，她也不像其他同龄孩子那样尽兴地说笑和玩闹，常常一副郁郁寡欢的样子。

“不想当将军的士兵不是好士兵。”这是拿破仑的名言，常被很多父母用作激励孩子。作为父母，总是“望子成龙，望女成凤”，希望孩子各方面都很出色。当父母对孩子寄予厚望的时候，就会觉得孩子做得永远不够好，永远不能达到要求，因为父母总是根据孩子的实际情况，把期望值进行不断地调整，让孩子距离父母的期望值始终有一段距离。

孩子上小学，父母希望他进名校，因为父母不能“让他输在起跑线上”；孩子上中学，父母也希望他进名校，因为名校是考上大学的重要保证；到了孩子高考的时候，要考一个怎样的分数，要上一个怎样的学校，便成为父母的新目标。期望越高，压力越大。压力过大只能有两种可能：孩子或是崩溃，或是逃避。

所以，父母千万不要对孩子期望过高，而要以一颗平常心待之。父母要告诉孩子：做好你自己，做一个优秀的自己！也要告诉自己：世界上有神童也有天才，但凤毛麟角，微乎其微，为什么偏偏要降生在我们家呢？我们的孩子只是一个普普通通、平平常常的孩子，和别人家的孩子没有什么区别。有缺点也有优点，有长处也有短处，有不如别人的地方也有别人不如的地方。以一颗平常心待孩子、爱孩子，也让孩子心平气和、轻轻松松地享受父母的爱，他们才能够真正地健康快乐地成长。

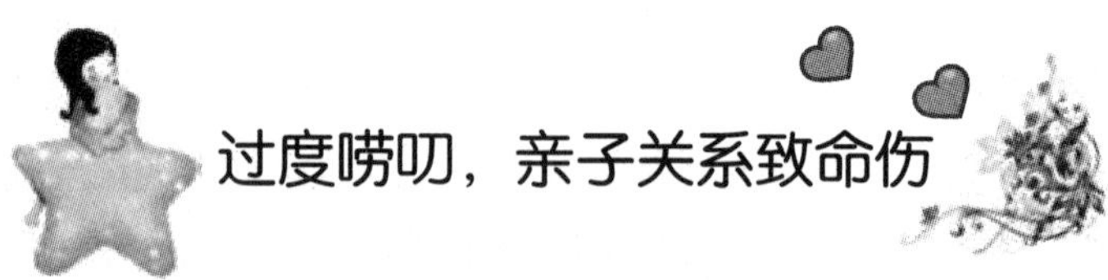

过度唠叨，亲子关系致命伤

对一件事情，有时父母会对孩子嘱咐好几遍，特别是做妈妈的，唯恐孩子不明白，不按自己的意思去做，这就是人们常说的“唠叨”。对大部分孩子来说，他们所不愿听的、反感的，正是父母的唠叨。他们越不愿听，做父母的就越不放心，反而加倍地唠叨起来，这就成了恶性循环。当父母的常常感到伤心与忧虑：“唠叨还不是为了孩子们好？”“不给他们讲，怎么能懂事啊！”好像只有无休止地向孩子们陈述一个又一个道理，才是最好的家庭教育方法。

苗苗家的早晨永远是这样的情景：

妈妈早早地起来，一边收拾房间，一边为苗苗准备早餐。6：30，牛奶、鸡蛋、面包准时端上桌，妈妈就开始一遍一遍地叫苗苗起床。不知妈妈叫了多少遍，一直到快7：00了，苗苗才懒洋洋地起来。胡乱刷刷牙，抹两把脸，苗苗坐到饭桌前用最快的速度对付着这顿早餐。这时，妈妈在为他叠被子，收拾凌乱的衣服、物品，嘴里还不停地唠叨着：“看看你，老是把房间弄得乱七八糟，让人跟在你屁股后面收拾。每天让你起床都得喊破嗓子才动，早饭都凉了，还这么狼吞虎咽的，这样对胃不好，天天跟你说也没用。要是妈一叫你就早点起来，不就不用这么紧张，也不会老是迟到挨批评了……”

苗苗对妈妈的话充耳不闻，只顾把吃的、喝的填进肚子，用手背抹抹嘴，抓起妈妈早已经为他放到客厅沙发上的书包，转身就往外走。妈妈追在苗苗的身后喊着：“着什么急呀，就吃这么几口呀，一上午的课呢，会饿的。上学的东西都带齐了吗，别又落点儿什么，每天都得让人提醒……”

心理学研究证明：老调重弹，反反复复说同样的话，会让人产生一种习惯性的模糊听觉，也就是明明在听，却根本不往心里去。这是长期重复听同样的声音而产生的一种心理上的不在乎。所以，做父母的，不要老是责怪孩子不听话，而应该静下心来想想，自己是否真的太唠叨了。

有这样一个小故事。

一位工程师的妻子希望孩子学有所成，将来能有所作为，因此每天叮嘱孩子一定要勤奋学习。而工程师却很少给孩子说这些，白天忙着上班，晚上回来后在书房钻研业务。一天晚上，工程师回家后又捧起了书本，妻子数落道：“你别只顾着看书，要多抽时间教育孩子呀！”工程师眼不离书，回答道：“我看书也是在教育孩子啊！”

工程师的回答其实很有道理，他虽说很少对孩子进行口头教育，但他的行为无疑给孩子树立了良好的榜样。

现实生活中，有些父母整天像唐僧念经般在孩子面前唠叨个不停，要多读书、好好学习等，父母唠叨多了，往往适得其反，不但不能解决问题，反而加深父母与孩子之间的代沟。与其不厌其烦地絮叨，不如听听孩子的倾诉，给孩子一些成长的空间。

为人父母，谁不是望子成龙、望女成凤，这是可以理解的。可是，父母也应当站在孩子的角度想一想，他们自己又何尝不想有个好前途，光明的未来呢？过分的“叮嘱”只会对孩子的生理、心理造成不良影响。所以，做父母的，最好不要过多地干涉孩子的行为，给孩子一个宽松的生活环境。

倾听孩子的心灵之音

父母要想和孩子进行良好的沟通，首先要学会倾听孩子的心声，倾听孩子的欲望和需求，倾听孩子的情感，倾听孩子的思想。当孩子被父母倾听并被认可或得到指导时，孩子就会对父母产生信赖，就会视父母为良师益友，就会经常主动地向父母敞开心灵的大门，与父母建立起更深一步的交往关系——思想上的交往，这时父母就更容易走进孩子的心灵，就能及时了解孩子的思想动向，父母和孩子之间也会更容易沟通。

在一场电视晚会上，一个小男孩被问：“如果你是机长，飞机在天空中发生了故障，机油快漏光了，很快就会坠毁。而飞机上的降落伞很少，你怎么办？”

小男孩很认真地回答：“我会告诉大家不要惊慌，系好安全带。然后我自己背一个降落伞跳出去……”

这时会场哄堂大笑，大家都在摇头，觉得这孩子太自私了，牺牲别人保全自己。

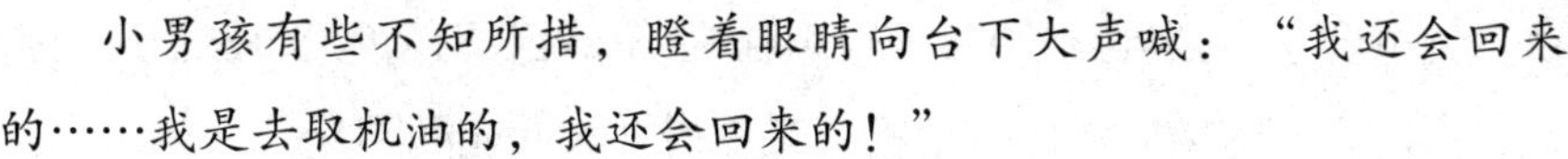

小男孩有些不知所措，瞪着眼睛向台下大声喊：“我还会回来的……我是去取机油的，我还会回来的！”

听完小男孩的话，整个会场忽然肃静了。

倾听是一种理解，教育就是不断消除误解的过程。倾听可以增进沟通，促进理解。 倾听还是一种等待，给孩子机会，不随便打断孩子，也不轻易作出评价，让他们把话说完，把自己的意思表达清楚。一个孩子就是一个世界，学会倾听孩子的话语，倾听孩子的心声，就等于在倾听孩子对世界的理解和对未来的梦想。

成人看见的世界与童眼看世界有时截然不同，大人的居高临下、先入为主的俯视往往偏离事情的真相，不分青红皂白的批评、训斥，往往使孩子望而却步，自动关闭心灵的大门。爱孩子，教育孩子，必须从倾听开始。如果孩子心目中的困扰能向爱自己的人说出来，通常问题就解决了一半。对孩子来说，随时有人倾听自己，关注自己，这是一种最大的心理上的支持；把自己心中的烦恼表达出来并且确知不会得到嘲笑，这更是对问题的一种确认和净化。孩子心中的烦恼就像一场暴雨后的水库，父母的倾听就像是打开了一道闸门，让孩子心中的洪水缓缓流进父母的心田。

现实生活中，很多父母常常以为孩子年幼无知而忽略了孩子的心声，自作主张，以自己的意见代替孩子的意见，常使孩子产生抵触情绪， 亲子关系恶化，好心办坏事。父母在对孩子的言行下判断之前要延迟判断，耐心倾听孩子的心声，给孩子表达心声的机会。父母不能站在自己的立场，以大人之心度孩子之腹，由于立场的不同父母常常看到的是事情的假象，而真相却掌握在孩子心中。父母误以为知子莫过于父，其实很多时候父母并不懂孩子的心。如果父母不听孩子的心声就鲁莽决断，只会扼杀孩子的童心，给孩子的心灵留下伤痕。

父母要学会倾听孩子的心声，呵护孩子的自尊心，帮助孩子建立充足的自信心，这样才能让孩子的心灵变得强大而充满阳光。

成绩不是评价孩子的唯一标准

父母如果把孩子的学习成绩和名次作为主要甚至是唯一培养孩子的目标，结果往往是亲情之间“穷”得只剩下“分”。在这样的家庭，分高的孩子像个宝，分低的孩子则像棵草。人们发现，学习方面过高的期望和生活方面过多的关心保护，结果造就了不少“三无”孩子——无情、无能、无责任感。

过分强调分数和成绩，会降低孩子对学习本身的兴趣，父母在教育孩子的时候，不应以分数作为出发点。许多父母爱给孩子许诺：“如果下次考好，我就奖励你一辆自行车。”一开始也许这种方法很奏效，但是随着奖励东西的价值越来越大，所起的作用反而会越来越小。

学习本来是孩子自己的事情，父母不应该用外界的东西，比如物质的东西来刺激，而是要引导孩子从学习中找到乐趣，这才是最好的办法。很多时候成绩并不能代表一个人的能力，它只是显示了某一段时间孩子的学习成果。某一次考试没考好，可能有很多客观的原因，比如：学习态度，学习方法，考前复习及考试的时候的心理状态和身体状况，等等。

今天学校要公布初三第一次模拟统考的成绩。海宁一进门，妈妈就迫不及待地跟在后面问："怎么样，考了多少分？"海宁一边放书包，一边回过头来说："妈，还可以，就是……"妈妈脸上的笑容一下子不见了，转身坐到沙发上，打断了儿子的话："我不要'就是'，我的要求是不能低于90分，你只要告诉我结果。"

海宁显得有些不安了，躲闪着妈妈的目光："除了数学，都高于90分。就是数学题太难了，我考了81分……那也是我们班的前15名，我们班还有人不及格呢……"

妈妈火了："就知道比下面的，没点儿上进心！你们班有没有考90分以上的？"看到海宁轻轻地点了点头，妈妈的声音更是提高了几分贝："别人能考90分，你怎么就不能？题太难，别人怎么不觉得难？看来，还是你不努力！告诉你多少回了，要想考上重点高中，就必须得用功，知道吗？每门功课都不能低于90分，平均95分以上是你最后的目标，你给我记住了！"

海宁小声嘟囔着："不是我说数学难，老师也这么说。我怎么不努力了，连老师都说我进步了……"

妈妈根本不听他的解释："你还狡辩！我告诉你，我不管题目难不难，也不管老师说没说你进步了，我要看到成绩！就你这也叫进步？差远了！要是考不上重点高中，以后就考不上好大学，那你也就没有什么前途了，知道吗？这个星期六、星期天哪里都不许去，在家把模拟统考的题目重新做一遍。"

从那以后，海宁越来越不喜欢学习了。他心想：反正在妈妈的心目中我已经是一个不爱学习的孩子了，不如干脆就不学了。于是，他的成绩越来越糟糕。

分数并不能显示出孩子的实际能力，只是对孩子平时的学习情况的一个检验，是老师、家长了解孩子学习情况的一种渠道、一种手段，只能作为一种参考。但是在竞争日益激烈的现代社会，分数成了

决定孩子命运的一个门槛。小学升初中、初中升高中、高中考大学，都要求分数，因此，分数成为孩子、家长、老师在学习中唯一追求的目标。

进行综合素质教育是培养孩子成才的必由之路，要想让孩子在未来社会的激烈竞争中取胜，就得使孩子具有良好的综合素质，不能把培养孩子的目标仅仅盯在班级成绩排名和考试分数上，一定要从提高孩子的综合素质上入手，培养和提高孩子的综合竞争力，这才是抓住孩子未来成功的根本。

对孩子言而有信

随着社会步伐的加快，现在的父母也是越来越忙，很多时候无暇顾及孩子，更多的是随口给孩子许下的诺言，由于自己遗忘，难以兑现，孩子也因此说爸爸或妈妈说话不算话，不再相信大人，父母在孩子心中失去威信。有些父母在许诺时，孩子会说，你说话要算话，不能骗人，还要拉勾勾，这样孩子才放心。如果父母总是失信，久而久之，孩子就会疏远父母，他们的心中也会留下阴影。

作为父母，就要说话算话，以身作则，给孩子树立良好的典范，让孩子在潜移默化中受到好的影响。

父母要尊重孩子，不要以为孩子年龄小、不懂事，对孩子许下的诺言就不重视，无论能否兑现都不在意。但在孩子的眼里，守信用是最重要的。孩子有时会抱怨说大人说话不算数，只是因为他们希望自己的愿望得到满足。

曾参的妻子要到集市买东西，小儿子闹着也要跟妈妈一同去，曾参的妻子便随口哄孩子说：“你留在家里，妈妈回来杀猪给你吃。”

等到妻子回家后，曾参便要捉猪杀了。

他的妻子赶快制止他说：“我刚才只不过和孩子说着玩罢了，你怎么真的要杀猪？”

曾参对妻子说：“小孩是不能欺骗的。小孩年幼无知，只会学父母的样子，听父母的教诲。如今你说话不算数，哄骗孩子，实际上是在教孩子说谎。当妈妈的欺骗了孩子，孩子便会觉得母亲的话不可信，以后妈妈再对他进行教育就不会有效果了。”

于是，曾参还是把猪杀了。

父母的行为是孩子学习模仿的对象。若父母言而无信，那孩子日后也就很难有信守诺言的美德。因此，哪怕承诺的是一件很小的事情，父母也要认真去做，不能认为事小而忽略不做。

当父母因为工作等原因影响了诺言的兑现，孩子感到失望、委屈时，父母不可强迫孩子接受许诺不能兑现的结果，应主动而诚恳地向孩子道歉，把不能兑现的原因跟孩子讲清楚，取得孩子的理解和原谅，并在以后寻找适当的机会兑现自己没有实现的诺言。

在生活中，我们常常会见到这样的情景，一些父母为了激发孩子学习的兴趣，调动孩子学习的积极性，或者为了让孩子听话，按照自己的意愿去做，常常喜欢给孩子一些这样或那样的承诺，比如“如果这次考了班上第一名，就给你买赛车”、“评上了三好学生，周末就带你去野炊”等，可是到头来这些承诺又不兑现。

其实，父母的这种做法是很不好的。孩子的心灵是纯洁的，美好的，在他们的心里没有谎言和欺骗，在他们心目中，老师和父母都是他特别信赖的人，在孩子的内心深处没有坏人。

因此，不管是老师还是父母，对待孩子一定要诚实，答应孩子的事

情一定要做到。如果因为特殊原因做不到，也一定要给孩子讲清楚。父母也不要轻易对孩子许诺，有时候父母可能只是随口一说，但是听在孩子的耳朵里，就是一种承诺，就是一种期盼。因此，父母不随便对孩子许诺，不要泯灭孩子对父母寄予的那份真诚的信任。

父母对孩子必须言而有信、以诚相待，这样，孩子才会对父母产生充分的信任感，也才愿意把自己的心里话告诉父母。父母是孩子的镜子，也是孩子模仿的对象，只有说话算话的父母才能在孩子的心目中树立起威信来，这样才能避免因孩子说谎而头疼的事情发生。

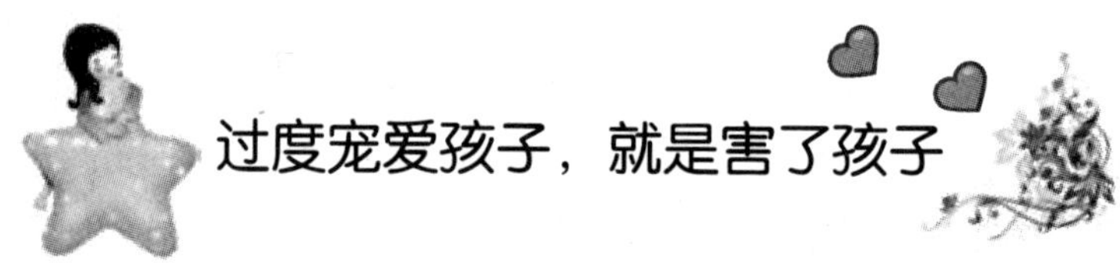

过度宠爱孩子，就是害了孩子

溺爱子女是当今社会的普遍现象。生活中，经常可以听到这样的话："我们的童年过得很艰辛，再不能让孩子经受我们的那些磨难了。""现在条件好多了，又只有一个孩子，因此，无论如何不能让孩子吃苦受累。"正是怀着这种想法，父母们尽其所能地从各方面满足孩子的需求，包括一些不必要的甚至是无理的要求，代替孩子完成一些理应由他们自己完成的事，如做作业、干家务、值日扫地等。他们尽力把孩子的生活道路铺得平平顺顺的，似乎这样就能保证孩子幸福健康地成长。但是事实上，父母的这种观念会给孩子带来很大的危害。

王小鱼从小娇生惯养，妈妈将他视为掌上明珠。妈妈的脾气很坏，对谁都敢骂、敢吵、敢打，唯独对她宝贝儿子百依百顺，即使王小鱼在外面惹是生非，打伤了邻居的孩子，也绝不讲儿子半句，反而把投诉的邻居骂一顿。王小鱼要吃什么，妈妈不管白天深夜一定要找来给他吃，稍有怠慢，儿子便要大发脾气，弄得一家人不得安宁。有时饭菜不合口味，王小鱼便把菜碗摔得粉碎。读初中后，他就学会了抽烟喝酒，妈妈也不加以阻止。有时晚上王小鱼还要邀请一些逃学的同学去吃夜宵，不给摊主付钱，还大打出手。后来，他因流氓罪被送进了少年管教所，他的妈妈后悔莫及。

中国老话常讲“惯子如杀子”，此话确实不假。说实话，中国的父母们，不管是名人还是普通人，在教育子女的问题上都或多或少存在着一定的溺爱，尤其是随着当今时代人们生活水平的不断提高，独生子女越来越多，父母生怕子女受委屈，孩子说什么便是什么，无论孩子提出什么样的要求，父母都会顺从孩子。孩子是家里的“小皇帝”、“小公主”，是家里的太阳，一家人都围着孩子转。在这样的家庭教育环境里，孩子往往缺乏自立性，不懂得谦让，容易以自我为中心。

张清夫妇最近被儿子涛涛的坏脾气折磨得很是头疼。涛涛刚刚6岁，脾气却是非常暴躁，稍有不如意就大发雷霆、大喊大叫。即使是给他讲道理，他也听不进去，如果父母不按照他说的去做，他就一直吵闹、哭喊，甚至在地上打滚，手里有什么东西就会顺手扔出去。

为此，张清夫妇想尽了办法：他们打他、苦口婆心地教诲、罚他站墙角、赶他早点上床、责骂他、呵斥他、给他讲道理……这些都不管用，一有事情涛涛还是会大发雷霆，暴躁脾气依然如故。

一天晚上，一家人正在看电视，涛涛突然想起来要吃糖果。已经很晚了，商店都关了门，夫妇俩试图跟儿子解释，劝说他明天再吃。然而，涛涛可怕的脾气又上来了，他躺在地上大声叫喊，用头撞地，用手到处乱抓，用脚踹所有够得着的东西，哭天喊地，闹腾

得厉害。

涛涛已经叫喊半天了，他奇怪地发现，居然没有人理他。于是，他又重新按他刚才的“表演”闹了一番。这次张清夫妇知道怎么做了，他们坐了下来，静静看着儿子，没有任何语言和动作。

涛涛似乎上了瘾，又开始了第三次“表演”，然而爸爸妈妈还是没有任何表示。最后，涛涛似乎闹腾累了，直接回房间睡觉去了，这件事总算就此平息。

从那天起，涛涛知道哭闹无济于事，渐渐改掉了暴躁的脾气。因为他发现，暴躁与发泄并不能解决眼前的事情。

天真、幼小的孩子就如一张白纸，最需要父母经常性的正确教育和引导，但是溺爱成了家庭教育、引导孩子的障碍。孩子常常是在不知道错还是对的心理状态下干自己想干的一切。同时，溺爱使大人不能给孩子以适当的批评，不能让孩子明白对与错、能做与不能做、好与坏的区别，这样就会导致孩子形成不良的性格。

溺爱带给孩子的只有懦弱和无能。面对竞争激烈的未来，等待孩子的只会是失败。孩子自己的事情，父母不要代替孩子做决定，而要让孩子自己学会选择；不要代替孩子体验，而要让孩子自己学会品尝；不要代替孩子做总结，而要让孩子自己学会反思。

天下的父母没有不爱孩子的，但是在爱孩子的过程中要有分寸、有原则，要能自觉地控制自己的感情，克制那些无益的激情和冲动。然而，我们有些父母，尤其是相对年轻的父母，在对待孩子的问题上，往往缺乏应有的“分寸感”。他们对待孩子往往是无原则的，过分地宠爱。有的对孩子姑息迁就，任其发展；有的只知道想方设法满足孩子的锦衣玉食，却不懂得给孩子良好的精神食粮和思想营养。这样，势必把孩子惯坏、宠坏。这种“爱”是盲目的、有害的。

建立平等和谐的亲子关系

在家庭中，亲子关系较好，父母与孩子之间的沟通畅通时，孩子往往不需要父母督促就能主动地学习、追求上进。相反，亲子关系紧张的家庭，不管父母怎样教育，结果都是“恨铁不成钢”。许多时候，并不是孩子笨，而是孩子有心结，也就是亲子之间的沟通有障碍，从而使孩子产生了逆反心理，影响了孩子的正常学习。

张小蒙跟同学打架了，一身是伤地回到家。张小蒙的父亲把他拉到一边，不分青红皂白就把他打了一顿，然后才问他为什么跟别人打架。张小蒙人小脾气拧，不管父亲怎么问，就是一声不吭。父亲看着孩子不说话，又生气了，又把张小蒙骂了一顿。

第二天，妈妈接张小蒙放学，去得有点晚了。回家的路上，妈妈边走边问：“今天怎么不高兴啊？”张小蒙回答：“我不想理你！”妈妈没把这事儿放在心上。后来，又有好几次类似的事情发生，“不告诉你”、“不想说”就成了张小蒙的口头禅。

对于父母来说，要想帮助孩子走出成长中的困境，就需要与孩子建立平等、和谐的无障碍沟通关系，让他们愿意向父母敞开自己的心扉。孩子只有感受到父母对自己理解和尊重时，他们才愿意对父母说出自己的想法和困惑，认真听取父母的意见和建议。

教育孩子是一项艰巨的工程，仅有爱是远远不够的。如果你的爱表现得不恰当就是问题，如果孩子感觉到你是在控制他、干涉他，那就更糟糕了。良好的亲子关系建立在平等基础上，亲子关系出现问题，大多就在于不平等、家长制。

亲子关系，通俗地说，即家长与孩子之间的关系。在我们的想象中，由血缘关系决定的亲子关系应该是最温暖、最亲密的，然而在现实生活中常常让人感到很无奈。亲子关系出现问题，大多是以前埋下的隐患，在孩子很小的时候，父母没有意识到应该和孩子建立一种和谐的亲子关系。

王萍从小就十分尊重女儿芹芹。在家里，王萍从来都不训斥和打骂女儿，干什么都用商量的口气，征求芹芹的意见。王萍跟芹芹说话，经常使用“对不起”、“谢谢”、“这样好吗”、“你看怎么样”、“请原谅”等商量的口吻和客气礼貌的用语。芹芹在家里不但参与家庭的各种活动，还参与家庭大事的决策。比如买家电、布置房间等家庭事务，王萍都询问芹芹的意见。

作为父母，就要像王萍一样主动放下高高在上的架子，与孩子平等相处。尊重孩子就要求做父母的学会用孩子的思维方式思考问题，要把对孩子的教育融入日常生活中去。尊重孩子，父母才能与孩子平等相处，孩子才愿意和父母一起玩，并且会在玩的过程中，乐意与父母进行心灵沟通。

人与人之间进行顺畅的交流，首先要有轻松、融洽的氛围，要使人从交流中产生愉快的体验。孩子与父母之间也不例外。和谐的沟通气氛，永远是与孩子沟通的最好添加剂。

建立和谐的亲子互动关系对于孩子的健康发展有着重要意义，这是因为亲子关系是人生中形成的第一种人际关系。尤其像我国这种以独生子女为主的家庭，亲子互动是孩子在家庭中与他人交往的唯一方式，是家庭中最基本、最重要的一种固定化的互动关系。建立和谐的亲子关系不是一朝一夕就能完成的，需要父母们长时期的爱的浇灌，这样孩子的心灵才会开出灿烂的花朵。

孩子的心理成长得面对挫折

有道是："人间没有不凋谢的花，世上没有不曲折的路。"父母要教育孩子坦然地面对挫折，把挫折看做是前进道路上必经的关口，从而增强孩子心理的韧性。

现在很多家庭都是只有一个孩子，所以父母们就把孩子当做掌上明珠，不肯让孩子吃一点苦。他们千方百计为孩子打点一切，使孩子生长在非常安逸的环境下，孩子在成长中很少或根本就没遇到过挫折，表面上一帆风顺，其实非常危险。很少遭受挫折的孩子长大以后会因不适应激烈竞争和复杂多变的社会而深感痛苦。孩子早晚都要自己面对激烈的社会竞争，而许多父母却不敢把孩子放出去，怕他们经验不足，怕他们上当受骗，什么都不敢让孩子自己去做。这样做的结果是孩子的心理承受能力相当脆弱，经不起一点小小的挫折。

美国总统约翰·肯尼迪的父亲老肯尼迪就非常注重对儿子坚强性格和精神品格的培养。

有一次，老肯尼迪赶着马车带儿子出去玩，由于马车速度非常快，在一个街道的拐角处小肯尼迪猛地被甩下了马车。老肯尼迪虽然立即勒住了缰绳，却没有下车去扶起儿子，而是坐在车上悠闲地掏出烟吸了起来。

小肯尼迪向父亲求救了几次，可是都遭到了父亲的拒绝。老肯尼迪说："你要自己站起来，自己爬上马车。"

小肯尼迪见父亲确实没有帮助他的意思，于是便挣扎着自己站了起来，艰难地爬上了马车。

老肯尼迪问："你知道为什么我要让你自己站起来，自己爬上马车吗？”

小肯尼迪摇了摇头。

老肯尼迪说：“人生就是这样，跌倒、爬起来、奔跑；再跌倒、再爬起来、再奔跑。经过无数次挫折的历练，才会有所作为。”

小肯尼迪若有所悟地点了点头。

正是父亲从小对肯尼迪的挫折教育，才使他最终克服万难，登上了成功的顶峰。

挫折是人生的一部分，接受它，就是接受成长。所以，父母要认识到，孩子一生中不遇挫折是不可能的，要想让孩子在竞争中立于不败之地，必须对孩子进行挫折教育，在适当的环境下放开手脚，留给孩子一个生活自理的空间，让他在摔倒中逐渐增强抗挫的能力；使孩子能始终保持积极心态，形成执著的品性。经过在逆境中千锤百炼成长起来的孩子，才更具生存竞争力，这也是父母应为孩子尽到的义务和责任。

在成长过程中，孩子总会遇到许多这样或那样的麻烦，在面对困难和挫折的时候，胆小懦弱的孩子往往没有坚强的意志去战胜这些困难和挫折。坚强勇敢的孩子则能够做到持之以恒，凭借自己的意志，战胜一切困难和挫折，从而取得最后的成功。著名作家狄更斯说过：“顽强的毅力可以征服世界上任何一座高峰。”所以，明智的父母应该从小就重视孩子意志品质的培养，以便孩子在今后的人生道路上能够走得更远，走得更好。

“不经历风雨，怎能见彩虹”，父母与其为孩子遮风挡雨，还不如在孩子前进的道路上再多设置一些沟壑，然后让孩子勇敢地、大踏步地走过去，这样才能锻炼出孩子正视挫折、超越挫折的能力。

挫折是人生的里程碑。孩子只有经过挫折的考验，才会变得更加聪明，更加坚强，更加成熟，将来也才能更有出息。因此，父母要引导孩子树立向上的人生观，正确面对挫折和痛苦，调整好自己的心态，乐观地面对困难，并想办法解决困难，这样才能成为生活上和事业上的强者。

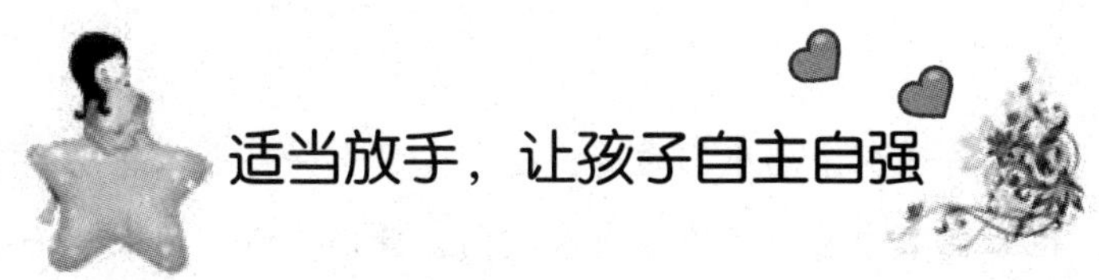

适当放手，让孩子自主自强

自强自主是一个人事业成功的支柱，也是人生的坐标。依赖别人者，心无进取，学无长进，得过且过，碌碌无为，一旦面对挫折与困难，便束手无策；而自主自强者，能够正视弱点，刻苦拼搏，使人生的道路越走越顺畅。

每一个做父母的，都希望自己的孩子长大之后能自食其力。在孩子的成长过程中，父母的首要责任就是让孩子懂得：一个人走向社会，最终要靠自己，靠自立和自强。

“除了空气和阳光是大自然的赐予，其余的一切都要通过劳动才能获得。”造成孩子性格懦弱和缺乏独立性，最重要的原因就是父母给予了过分的保护和溺爱。本来孩子可以自己做的事情，父母都替他做了。孩子想自己拿小勺吃饭，不行，自己吃不饱，还把饭撒到桌子上；孩子想自己穿衣服，不行，太慢了；孩子想出去和小朋友玩一会儿，不行，受伤怎么办？这也不能干，那也有危险，禁止孩子接触任何新鲜事物，从而限制了孩子的主动性，一切听从父母的安排，孩子不知道自己应该做什么，不知怎样去做，也不敢去做，处事畏首畏尾，对任何活动缺乏主动，意志不坚强，缺乏独立性。

在美国，家庭教育是以培养孩子富有开拓精神、能够成为一个自食

其力的人为出发点的。父母从孩子小时候就让他们认识劳动的价值，让孩子自己动手修理、装配摩托车，到外边参加劳动。即使是富家子弟，也要自谋生路。美国的中学生有句口号：“要花钱自己挣！”农民家庭要孩子分担家里的割草、粉刷房屋、简单木工修理等活计。此外，还要外出当杂工，出卖体力，如夏天替人推割草机，冬天帮人铲雪，秋天帮人扫落叶等。

有一位到美国探亲的中国学者，遇到了这么一件令人深思的事情：有一天，他正在家中看报，突然有人敲门，开门一看，原来是一个八九岁的女孩和一个五六岁的女孩。大一点的女孩对他说：“你们家需要保姆吗？我是来求职的。”

学者好奇地问：“你会什么呢？年纪这么小……”女孩解释说：“我已经9岁了，而且我已经有了14个月的工作经历，请看，这是我的工作记录单。我可以帮助你照看孩子，帮助他学习功课，和他一起做游戏……”

女孩观察到学者没有聘用她的意思，又进一步说：“你可以试用我一个月，不收工钱。只要你在我的工作记录单上签个字就可以，它有助于我将来找工作。”中国学者指着那个五六岁的孩子问：“她是谁？你还要照顾她吗？”

女孩的回答更令人感到惊奇：“她是我的妹妹。她也是来找工作的，她可以用小推车推你的孩子去散步，她的工作是免费的。”

父母的爱子之心固然重要，可是我们并不能照顾孩子一生一世，毕竟我们陪伴孩子的时间是有限的。如果我们只顾眼前孩子能舒服享乐就行，当我们离开孩子的那一天，孩子就会丧失生活的能力，就要向幸福生活说再见了，今天的溺爱就等于为孩子的明天埋下受苦的种子。

有这样一则寓言故事：

一只乡下鼠进了城，城市鼠见了很高兴，就和乡下鼠攀谈起来。

城市鼠说："见到你真高兴，你想吃点什么？喝点什么？"

乡下鼠说："兄弟，不瞒你说，现在吃的喝的都不愁，我只想到城里观光。"

城市鼠说："那好，我带你去看老鼠、狼和狐狸，好吗？"

乡下鼠点头道："好吧。"

城市鼠又说："我再带你去看鸵鸟、天鹅和孔雀，好吗？"

乡下鼠还是点点头，说："好吧。"

城市鼠继续说："我还带你去看蟒蛇、蜥蜴和鳄鱼，好吗？"

乡下鼠还是点点头，说："好吧。"

于是，城市鼠带着乡下鼠进了动物园，让它看完了许多珍稀动物。

乡下鼠看完后感慨万分，说："我明白，为什么我在乡下那么久了，连这些动物的影子都见不着，原来是城里人把它们保护起来了。"

城市鼠说："不把它们保护起来，有一天它们就会在地球上灭绝。要是有一天老鼠也会濒临灭绝，人类也会采取措施加以保护的。"

乡下鼠羡慕地说："那该多好呀！人类要是保护起老鼠来，我们就享福了。到那时候，老鼠过街就不再是人人喊打，而是人人鼓掌了。"

城市鼠诚惶诚恐地双掌合十，嘴里念念有词："阿弥陀佛，善哉善哉！你可千万别这么想。要是咱们老鼠到了那么一天，离世界末日可就不远了。"

叶圣陶先生指出："教，是为了不教。"很多父母反映孩子的生活自理能力差，过分依赖父母，不少孩子上了高中还没有洗过衣服。缺乏自主意识对孩子的成长是极为不利的，父母应从小注意培养孩子的自主自强的能力。

教育孩子树立正确的人生观

正确的人生观是孩子克服困难，取得成功的基本条件。一个没有健全人生观的孩子遇到挫折的时候会消极厌世，以逃避的态度来掩饰自己的失意；一个没有健全的人生观的孩子遇到挫折的时候只会怨天尤人，埋怨生活的不公平、命运的坎坷，经不起一点点挫折。

现在很多的孩子都缺乏正确的人生观的教育，沉迷享乐，轻言生死，对未来没有规划，没有希望。

小易是个正在读初三的男孩子，人很聪明，学习成绩优异，父母对他寄予很大的希望。可是就在初三下半年的时候，小易却告诉妈妈他不想读书了。

妈妈觉得非常诧异，她问小易："儿子，你读得好好的，怎么想退学了呢？"

小易告诉妈妈："我觉得读书没有意义，我不知道为什么而读，每天上课让我觉得很累，这样下去，我觉得人活着也没有什么意义。"

看到孩子如此的消极，妈妈才意识到问题的严重性，自己一直只关注孩子的学习成绩，却一直疏忽对孩子进行正确的人生观教育。

著名作家毕淑敏曾经说过："人生是没有任何意义的，但是你得为之确立一个意义。"每个人都应该为自己的人生确立一个意义，为自由而活，为追求知识而活，为人类生活得更加美好而活，这些都是人生积极的意义。

有一天，小美突然问妈妈："人的一生应如何度过才有意义呢？"

妈妈微笑着说："每个人的人生都不一样，你的人生应该由你自己决定，做自己心中所想，为社会创造有利的价值。你想做什么呢？"

小美想了想，说："我想长大以后当一个摄影师，记录世界上所有美好的事物。"

妈妈摸了摸小美的头说："那么，从现在开始，你就要学习关于摄影的知识了。"

没有正确的人生观的指导，人生就像在茫茫大海中航行，找不到方向，父母应该帮助孩子树立正确的人生观，鼓励孩子以积极的态度面对人生，让孩子能够勇敢地面对困难和挫折，到达成功的彼岸。

琴琴今年上初三了，学习一直很用功，成绩名列前茅。可是这几天，妈妈发现琴琴的情绪有些不对劲儿。

这天吃完晚饭以后，妈妈到琴琴的房间和她聊天："孩子，看你这几天情绪不佳，是不是发生了什么事？能给妈妈说说吗？"

琴琴叹了一口气，告诉了妈妈自己最近为什么情绪低落。原来，琴琴被一个问题困扰：人活着的意义是什么呢？人终究会死的，这么努力地学习，到时候一切还是浮云，什么也不会留下。

妈妈听了琴琴的话，没有说什么，第二天，给琴琴买回来一本书《钢铁是怎样炼成的》。琴琴如饥似渴地读着这本书，她深深地被保尔为国家牺牲一切的信念和崇高的人生观所感染，她在自己的笔记本上记下那段著名的话，作为自己的座右铭，时刻激励着自己。

健全的人生观就像茫茫黑夜中的一座灯塔，能给迷茫的孩子指明方向，让他们勇敢前行，到达成功的彼岸。

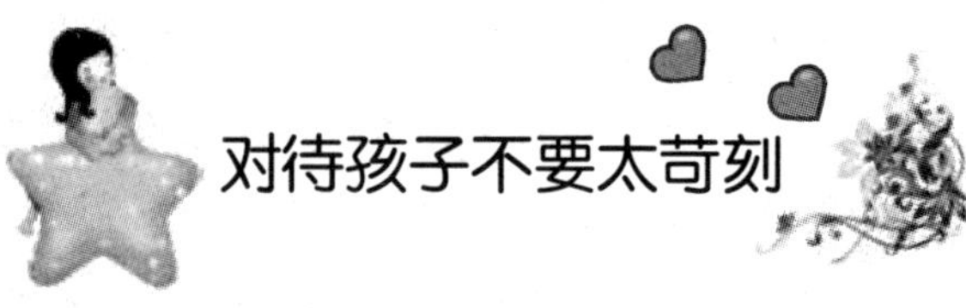

对待孩子不要太苛刻

宽容是无声的力量！父母要学会原谅孩子的错误和不完善，培养孩子的宽广的胸怀以及与社会相融的能力。

生活中很多父母对自己、对同事、对朋友能够宽容，但对十几岁的孩子却非常苛刻，难以宽容。孩子刚生下来，可能有几年是被父母欣赏的时候，捧为掌上明珠，逢人就夸逢人就讲，认为自己的孩子这儿也好那儿也好。但是好景不长，接下来更多的是父母翻来覆去地给孩子找问题、指缺点、提希望，总觉得自己的孩子不如别人的孩子。

看别人的孩子，看优点、看长处；看自己的孩子看缺点、看问题。总想把所有孩子的优点都加在自己孩子的身上，这样才能满意。一天到晚怎么看自己的孩子都不顺眼、都不满意，都是在挑毛病、指问题。

李华的儿子今年12岁了，他也是经常指责自己的儿子，挑儿子的毛病，说孩子弄坏东西、弄脏东西，东西放得不到位，房间整得不利索，腰板站得不直等。甚至有一天，孩子在和别人踢足球时，不小心划破了球袜，李华当着许多孩子的面叫孩子立刻回家。孩子一到家，他就让孩子把袜子脱了，光着脚站在地板上，并且他还训斥说："你要知道这双球袜很贵的，你要穿就爱惜点儿，要不就光着脚玩去吧。"

尽管这样，李华从来没有觉得自己有什么做得过头的地方，有什么不对的地方。直到有一天，他正在书房看报纸。儿子来到书房门口，怀着惶恐不安的心情不敢进去。他发现后厉声问道："你要干什么呀？"

孩子并没有说话，而是轻轻地走进书房，来到爸爸身边，双手搂着爸爸的脖子亲吻了几下，又没有说什么，就跑开了。

李华的报纸一下子滑落在地上，他在心里对孩子发出了这样的忏悔：“儿子，请你原谅爸爸吧。我从什么时候养成了一个不容你、爱呵斥、爱挑毛病的坏习惯呢？今天我全都明白了。从今天开始，我要做你的好爸爸、你的好朋友，在你伤心的时候和你一起伤心，在你快乐的时候和你一起快乐，我会始终在脑子里提醒自己，你仅仅是个孩子，一个刚刚12岁还什么都不懂的孩子呀。”

宽容也是一种无声的教育力量。如果你宽容了你的孩子，对于他改正问题、纠正缺点、克服毛病，恐怕会胜过十次的批评、十次的指责甚至是十次的打骂，宽容比批评、指责、打骂更容易让孩子理解，更容易让孩子接受，也更容易让孩子改正错误。

万事不可能十全十美，不要说孩子，就是很多大人，甚至国家的法律法规都不可能做到百无一漏。而对于一个涉世不深的孩子，怎么就能做得很完美呢？父母又怎么能要求自己的孩子不犯一点儿错误，不能有一点毛病，不能有一点过失呢？出了问题，又批评、又指责甚至打骂，连一点改正的机会都不给孩子。作为父母，对于孩子是否过于苛刻了呢？ 对于孩子的成长，父母不妨多一些宽容，多一些大度，这样孩子才能够健康成长。

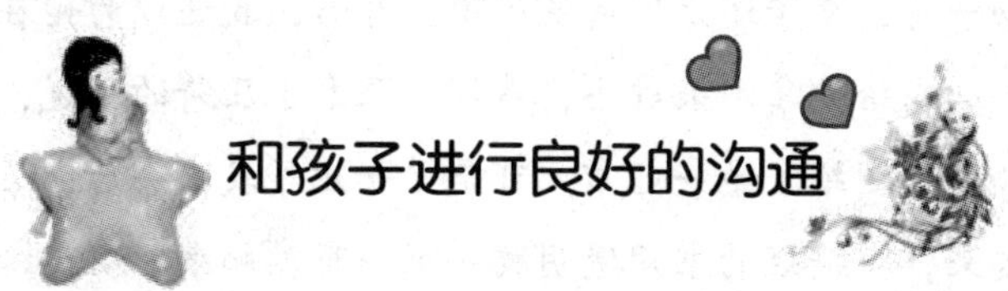

和孩子进行良好的沟通

现代家庭，很多父母和孩子的关系弄得很紧张，彼此无法沟通，一谈话就吵架。很多父母感到不理解：自己一心一意为了孩子，操碎了

心，可孩子并不领情，还落得孩子的埋怨，怎么会这样呢？

其实，这是父母的教育方法出了问题，当孩子对父母的说教听不进去，还采取顶牛对抗的方式的时候，父母不应该恼羞成怒，口不择言，而是应该保持冷静和理智的态度，并想办法巧妙地化解孩子的对抗情绪，和孩子之间保持良好的沟通关系。

李子今年上初三，在父母的眼里，她叛逆早熟，是个让人头疼的孩子。李子妈妈找到老师诉说："我和她爸爸都是60年代出生的人。现在的孩子心里在想什么，我们根本不明白，我和她爸爸虽然都是知识分子，但是在孩子的教育问题上，实在是太失败了。"李子妈妈的话语里充满了太多的无奈。

"我们把一生的心血都倾注在孩子身上，但是这些不但得不到女儿的认可，而且她还经常和我对着干，我觉得这孩子真让人伤心。"李子的妈妈一提起自己的女儿，眼圈就红红的。

"我女儿比同龄孩子早熟，她上五年级的时候，就开始讲究吃穿了。一开始，我给她买的衣服她不喜欢，就冲我嚷嚷。我对她说，从小要养成艰苦朴素的习惯，不应该在物质上和别人攀比。她不说话，我以为她接受了。谁知后来，她虽然不再冲我嚷嚷了，但是却死活不肯穿我给她买的衣服。我不给她买她想要的衣服，她就借同学的穿。"

"上初一时，李子迷上了武侠小说，开始，我还以为她在房间里学习呢。那天，我给她拿水果过去，看到了课本下压着的小说，气得我当场就把书撕了，还给了她一巴掌。可是，女儿等我出去后，又哭着把书从地上捡起来，把撕烂的书用透明胶一页一页粘起来。从门缝里看到这个情景，我真是觉得悲哀，我对女儿的母爱居然敌不过一本小说。自从这件事之后，孩子就基本上不理我了。我想过，是不是我有点粗暴。于是，我尝试着和女儿沟通，但是，她居然说没这个必要。"讲到这里，李子的妈妈有些哽咽，她希望老师帮她劝劝女儿。

当老师和李子交谈的时候，发现这个小姑娘很有自己的想法。“我妈就会给别人讲，她多辛苦，我多不理解她，可她理解我吗？偷看我写的日记，不让我接男同学的电话，同学过生日，她又死活不让我去，整天唠叨我的不是，什么都得听她的，凭什么呀？我长大了，才不想被她牵着鼻子走呢。和她有什么好交流的，结果还不一样？她要的只是一个听话的木偶。”李子把这些话一连串地说了出来，看来，这些话已经在她心里憋了很久。

李子和妈妈之间的关系如此不和谐，就是因为彼此之间的代沟和沟通不畅造成的。在妈妈的眼里，李子永远是那个襁褓中的小姑娘，需要的妈妈的关心和爱护。而随着岁月的流逝，李子早已经长大了，她不再是那个缠着妈妈的脖子要抱抱的小女孩，她有了自己独立的思维，她开始需要自己的私人空间，她也开始有了自己的小秘密，而这些小秘密，她不想让父母知道。做父母的，如果不能正视孩子长大的事实，还是按照孩子小时候的方法教育孩子，觉得孩子的一切都应该在自己的掌握之中，那么，在教育孩子的时候，就很容易和孩子产生矛盾，甚至激起孩子的逆反心理。

当孩子产生逆反心理时，父母首先要从自身寻找原因，也许是自己的教育方式不对。另外，在孩子有反抗心理时，父母要瓦解孩子心里的防线，化解孩子的对抗心理，而不是强迫孩子接受自己的观点。

化解孩子对抗心理的办法有很多种，以下可供参考：

1. 暂时回避

在父母和孩子双方情绪都比较激动的情况下，父母应主动放弃和孩子的抗衡。待孩子情绪缓和、冷静下来之后，再心平气和地和孩子谈。而这个时候，孩子也比较容易接受意见，改正错误。如果是父母的意见不合适，父母应该做自我批评，这样才能让孩子口服心服。因为平等的

亲子关系，会给双方以好的感受。如果少了这个缓解的过程，对父母和孩子来说，都是不好的，只会是伤了心，又伤了身体，甚至破坏了父母和孩子之间的关系，让父母和孩子之间产生隔阂。

2. 用讨论式谈话代替简单粗暴的回答

当孩子提出类似“为什么别的孩子可以打游戏而我不可以”的疑问时候，父母要给孩子耐心地解释，而不能只是简单地说：“别人是别人，你是你，我说不准就是不准，不要问那么多。”这对于孩子来说，就如同挨了父母的一记耳光，从此在心里留下阴影。

父母应该借这个机会和孩子展开有关价值观的讨论，告诉孩子打游戏有可能会影响他的学习等。如果孩子要买一个特别昂贵的玩具，父母也不要简单粗暴地拒绝：“我没有那么多钱给你买那么多没用的东西。”你可以和孩子商量，给孩子讲清楚，如此昂贵的消费实际上并没有什么意义。如果孩子的做法确实让你很生气，你也可以避开一段时间，等心情平静下来，然后再找孩子谈，因为人在气头上，很多问题就不会考虑得那么周到了。

3. 改变对孩子命令的口气，将命令改成建议

很多父母在和孩子说话的时候，总喜欢命令孩子，与孩子的交流是父母单方面的意思，并没有考虑和尊重孩子的人格自主性。这样的教育，势必让孩子出现逆反心理，和父母对着干。在这个时候，父母可以改变一下说话的方式和口气，比如“换一种方式，你看如何”等，给孩子以建议。

从形式上看，建议是在征求孩子的意见，这样会让孩子觉得你在尊重他，他也必定会认真地听你说的话。而且，建议是让孩子自己做出选择和判断，有利于培养孩子的思维能力和判断能力。

第五章

独立，让孩子的心灵更坚强

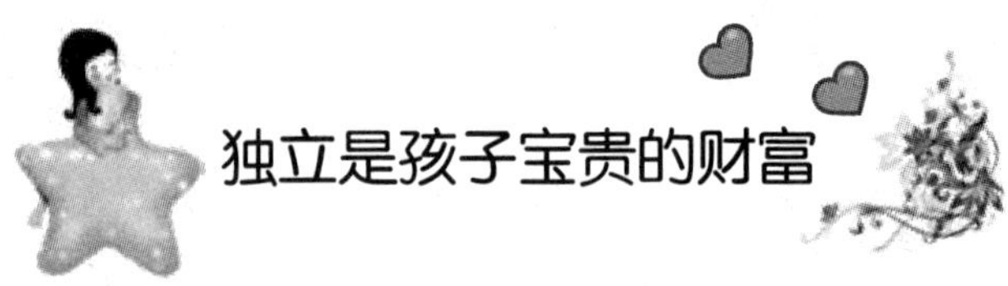

独立是孩子宝贵的财富

一位阿拉伯诗人曾经说过："孩子，是父母行走于地的心肝。"在生活中，我们经常可以看到一些父母端着饭碗，追着孩子跑，而孩子一边玩耍、嬉闹，一边偶尔吃上两口，一口饭放在嘴里好长时间也不咽下去。父母喂上一顿饭要花两个多小时，但这样，孩子还是瘦得像豆芽菜一样。本来，孩子吃饭是件很正常的事，但是很多父母就是不愿意让孩子自己吃饭。

的确，从弱小的生命呱呱坠地的那一刻起，父母的心与目光就再也无法离开他。很多父母都觉得，小孩子不懂事，没必要要求孩子做这做那，要等到孩子大些才开始培养孩子的独立性。其实不然，也许孩子还不能自觉地去做什么事情，但是独立的性格和意识应该是越早培养越好。

欢欢今年两岁了，在许多人眼中，她是一个早熟又独立的孩子。她在一岁多时就会自己吃饭，这都得益于她有一个好妈妈。从小妈妈就让她自己吃饭，刚开始虽然汤匙和碗都拿得不太稳，食物也会掉在桌上，偶尔欢欢的爸爸想帮忙，但妈妈都会坚持让欢欢自己来，弄脏了都无所谓，只要欢欢愿意自己动手吃东西，就给她练习的机会。"学会独立"

这个想法始终贯彻在欢欢的生活中，包括训练穿脱衣服、鞋子、收拾玩具、书本等。

孩子刚开始学任何事都不熟练，动作也慢一些，也许会因为挫败而生气，大人会急于帮忙完成。其实，孩子动作慢没关系、没做好也没关系，父母的责任不是去帮孩子完成事情，而是教育孩子应该如何正确地去完成一件事情，并在孩子遇到困难时，鼓励孩子而非代替孩子。

独立自主是健康人格的表现之一，它对孩子的生活、学习以及今后事业的成功都具有非常重要的影响。卡尔·威特认为，对孩子独立能力的培养，是对孩子的一种真爱，而对孩子的溺爱和娇宠是孩子形成独立人格的最大障碍，只会让孩子在将来的生活中吃尽苦头。

自立是上帝赋予孩子的权利。孩子要求做某事，父母应给他们一个机会。替孩子做他们能做的事是对他们积极性的最大打击，因为这样会使他们失去实践的机会。这样做使他们丧失了自信和勇气，也使他们感到危机和不安全。因为安全感是建立在能够用自己的能力去对付处理问题的基础上。父母这种自以为无私的行为，恰恰剥夺了孩子发展自己能力的权利，这是孩子成长最珍贵的要素。孩子们能自己做的事，就让他们自己去做，千万别替他们去做。

有时，孩子不会做事的唯一原因是他根本没机会去试一试。“做错了不要紧，只要去做！”父母应鼓励孩子自主、自立做事。有一句话是这样说的：“给一个人一条鱼，他可以吃一天；但教一个人怎样钓鱼，他永远有吃的。”只要父母给孩子独立成长做事的机会，让孩子自由地探索，培养他们做自己的主人翁，他们一定能成为独立自主的创造性人才。

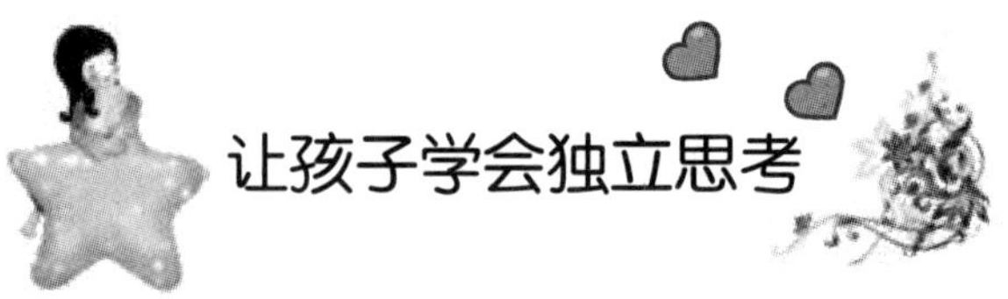

让孩子学会独立思考

思想指挥行动，养成独立思考的习惯是孩子走向独立的基础。因此，父母在培养孩子独立性的时候，首先要让孩子学会独立思考，尽量做到凡是孩子自己能够想的，就让他们自己去思考。

人们常说，孩子的脑袋里装着“十万个为什么”，所以他们经常会提出一些稀奇古怪的问题。这时候，父母不要直接告诉孩子答案，而是要鼓励孩子自己去动脑筋，然后父母可以从旁协助，与孩子共同找到答案。这样做，会让孩子不知不觉养成独立思考的好习惯。

高斯，是德国的数学家、近代数学奠基者之一，和阿基米德、牛顿齐名，有“数学王子”之称，在历史上有着很大的影响。

高斯从小就善于独立思考。高斯的父亲是泥瓦厂的工头，每个星期他都会给工人发薪水。高斯3岁的时候，有一次，当父亲又要发薪水给工人的时候，小高斯站了起来，对父亲说：“爸爸，你把账目弄错了。”然后他说了另外一个数目。原来爸爸在计算该给每个工人多少钱的时候，小高斯也跟着爸爸在计算。重算的结果证明小高斯是正确的，这一幕把站在旁边的大人惊得目瞪口呆。

在高斯10岁的时候，有一次上数学课，数学老师给大家出了一道题目：计算出“1+2+3+4+5+……+100”的答案。虽然这个题目的答案在今天来说，已经是家喻户晓的，但是在那个时候，对一群小学生来说，却是不简单的。每个孩子都想第一个把这道题目算出来，于是争先恐后地在草稿本上演算了起来。

只有高斯没有动手，看起来不紧不慢的样子，他在思考，怎么样才能很快地把这个题目的答案找出来。老师看见高斯的神情，于是就走过

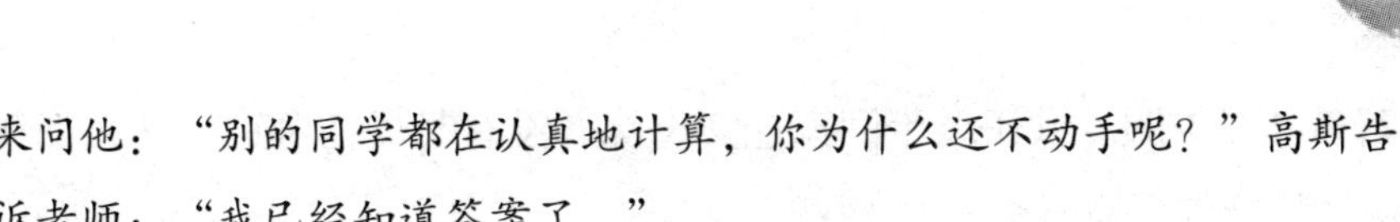

来问他：“别的同学都在认真地计算，你为什么还不动手呢？”高斯告诉老师：“我已经知道答案了。”

老师十分吃惊，问高斯是否以前做过这道题。高斯摇了摇头，告诉老师：“没有，我只是通过自己的观察，发现这一组数字中1加100等于101，2加99等于101，以此类推，这样的等式一共有50个，因此这道题就可以化简为101×50=5050。”

“太精彩了！”老师情不自禁地赞扬道。

现行教育制度的弊端让许多孩子只学会了死记硬背，当然这也能让孩子取得较好的学习成绩，因此在孩子看来，独立思考是卖力不讨好的事情。为了纠正这种错误的认识，父母就要让孩子明白独立思考的意义，并积极进行独立思考能力的培养，从而逐步养成他们独立思考的良好习惯。

独立性是孩子成长最大的优势，但父母不当的教育方式会导致孩子的这种先天优势不断丧失，同时也失去了独立思考的能力。一个没有主见的、不能独立的人是很难承担起家庭和社会赋予他们的责任的。因此，父母要好好审视一下自己的教育方式，尽量把孩子培养成有独立思考能力的有用之才。

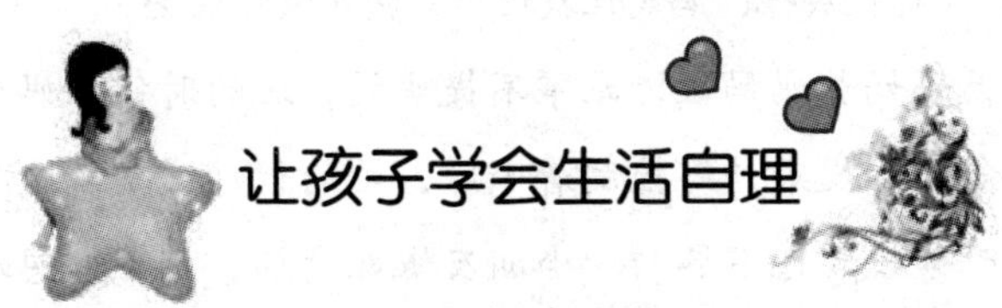

让孩子学会生活自理

学会生活自理，是对孩子的一项基本要求。然而，现在多数孩子的自理能力太差。小学生上学放学，要父母接送；大学生的蚊帐要让父母

帮着挂，衣服、被子要带回家让父母洗，没有父母在身边就什么都不会，这样的事情屡屡发生在我们身边。

在幼儿时就培养孩子良好的劳动习惯和照顾自己的能力，能让孩子受益一生。从小自理能力强的孩子，步入社会后的生存适应能力更强。如果孩子连自己都照顾不好，自立又从何谈起呢？

一般来说，孩子无论是学吃饭，还是学穿衣，都比成人替他做要麻烦得多，但是，孩子学习独立生活必须有一个过程，父母千万不能因为怕麻烦或溺爱孩子，就什么都替孩子包办，这事实上是“剥夺”了孩子自我锻炼、自理能力提升的机会。

现在家庭的孩子，绝大多数是独生子女，父母对孩子总是百般呵护，捧在手上怕摔了，含在口里怕化了，让孩子过着衣来伸手，饭来张口的生活，父母们总怕辛苦了自己的孩子，所以，孩子的一切都由大人包揽，又或者是担心孩子做不好给自己添麻烦，这对孩子自理能力的养成是极不利的。

小玲10岁了，她性格内向，朋友不多，大部分时间都一个人待在家里。只要是出门，即便是到邻居家，妈妈总是千叮万嘱。邻居阿姨让她坐，她会说：“我不坐，妈妈说了，衣服不能弄皱。”玩的时候，她总是小心翼翼，比如玩捉迷藏，她总是第一个被捉住，因为她根本就没藏，小朋友提醒她，她说：“妈妈不让我把衣服弄脏。”小朋友约好一起去看一个生病住院的同学，小玲说：“你们去吧，妈妈让我玩后就回家做作业去。”

小玲整天妈妈长妈妈短，无事不提妈妈，玩的时候怕妈妈这怕妈妈那，妈妈的命令和规定始终控制着小玲，她的行动围绕着这些命令和规定转，玩的时候一点也不尽兴。小朋友嫌她麻烦，都不太想跟她玩，还嘲笑她是妈妈的“应声虫”。但嘲笑起不了作用，小玲的“妈妈病”已成为了习惯。

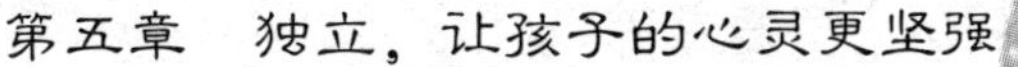

孩子总有一天要自立于社会，自立于人生，具备一定的生活自理能力，为孩子的体力、智力、良好的个性形成和今后的发展奠定基础，也是孩子形成健康人格的重要前提，对他们将来成为社会人有着极为重要的影响。

作为父母，首先自己要有培养孩子自理能力的意识。不能因为心疼孩子，不愿意让孩子“受苦”，就无条件地包办代替，使孩子养成“衣来伸手，饭来张口”的习惯。也不能因为怕麻烦，就让孩子失去慢慢学习、成长的乐趣。

孩子长大了，总要离开父母独自生活，父母不能照顾孩子一辈子。为了让孩子长大之后能够顺利地进入社会，能够独立生活，自食其力，就要让孩子从自我服务做起，凡事孩子自己能够做的事情，就要让孩子自己去做，这样孩子才能更健康地成长。

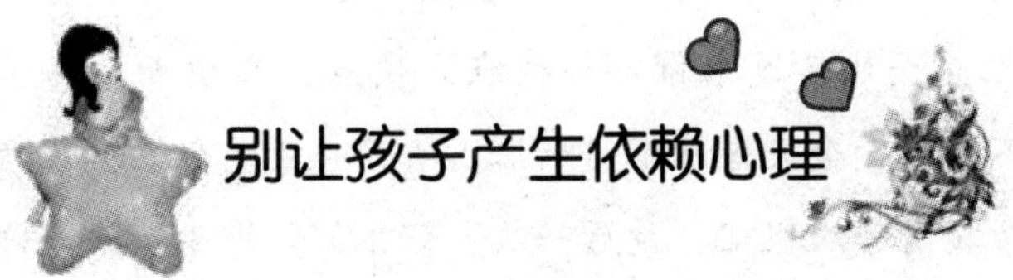

别让孩子产生依赖心理

现在很多父母，都快被孩子“折磨”得崩溃了：孩子早上起床，让妈妈来叫醒自己；孩子写完作业，喊妈妈来帮自己检查；孩子要上学，喊妈妈来给自己装书包…… 有些孩子甚至连吃饭穿衣这样的小事，都需要妈妈的帮助……

父母请注意：你不可能照顾孩子一辈子，所以必须要让孩子独立起来。这样，孩子才能健康成长、幸福生活。

父母们总会在孩子成长到一定阶段的时候觉得孩子特别地黏自己，不管是爸爸还是妈妈，孩子们总是非常乐于和他们待在一起，尤其是妈

妈。这虽然是亲子教育非常成功的表现，但是，总是把“我要妈妈”或是“我要爸爸”放在嘴边的孩子未免依赖心理过于重了，这样对于孩子独立人格的养成并不是什么值得开心的事。

作为父母，平时要多和孩子平等地交谈，放手让孩子去做力所能及的事，让孩子充分体现自己的价值，并认识到：孩子是一个有独立思想和能力的人。父母的过度干涉和溺爱，不利于孩子独立人格的培养。在父母带孩子外出游玩时，如果孩子说“我累了，走不动了”，应该让孩子休息一会儿，然后再继续独立行走。不应该孩子一喊累，父母就把孩子抱起来，这样容易使孩子产生依赖心理。

父母生活中的言谈举止，有时也影响着孩子的独立人格培养。比如，父母手头经济不富裕就向长辈要；孩子摔倒后，不是鼓励他们自己站起来，而是赶紧去扶，这些都容易使孩子产生依赖心理。父母应该注意克服。

已经是早上7点了，再不起床就来不及去学校上早读了，但丽丽还赖在床上。妈妈又过来催：“快点，快点，拿块面包去学校还来得及。”“不想去，今天老师不讲新课，去了也没有什么意思。求求你，妈妈，再帮我请一次假吧，最后一次，好不好？”丽丽懒洋洋地说完又翻身睡着了。妈妈无奈地摇了摇头，走到客厅给老师打了个电话，丽丽就又“病”了一回。

依赖型人格障碍的产生源于人类自身发展的早期。孩子在幼年时期，如果离开了父母的照顾，就不能生存。在幼儿的心里，父母能够保护他、养育他、满足他的一切需要，孩子必须依赖父母，时刻担心失去了父母这个“保护神”。

在教育孩子的过程中，很多父母常常陷入两难的境地，既想很好地宠爱孩子，又觉得应该让孩子学会独立。孩子的人生是他自己的，需要他自己去应变他的人生，即使父母能够留给孩子万贯家财，但是世事难料，未来变幻莫测。父母应该坚持“与其给孩子鱼吃，不如给孩子一根钓竿”，孩子在成长的过程中，才有勇气去面对不可知的挫折与挑战。

现在，每个家庭只有一个孩子，这便是这个家的未来和希望，真是“捧在手里怕掉了，含在嘴里怕化了”，父母不让孩子受一点儿累，吃一点儿亏，把自己当初没有得到的恨不得在孩子身上全补回来。怕孩子被别人欺负，不让孩子同小朋友交往，上学、放学都有专人接送，他们把孩子完全“囚禁”在自认为很“舒适”的环境里。这样做的后果有两种，一是孩子变得胆小、恐惧、焦虑和自卑，另一种则是恃宠、骄横、目中无人和自负，有人形象地称之为“小奴隶”与“小皇帝”。这两种孩子在与别人交往时不自觉地都带上了自身的特点，他们不知道该怎样与小伙伴交往，因而大家不欢迎这样的孩子。

父母不能成为孩子解决问题的“承包者”，而要让孩子自己去发现问题，思考问题，学会解决问题。父母不能太娇惯孩子，要多给孩子一些引导，多给他们一些实践锻炼的机会，让孩子在实践中健康快乐地成长。

培养孩子的动手能力

家庭教育的目的不是让孩子过着舒适安逸的生活，而是要培养孩子各方面的能力。所以，父母要转变观念，从小就开始培养孩子自立、自主。孩子的生活起居，父母能放手的就不要包办。教育专家指出：孩子动手能力差，这主要与父母的养育方式和提供的环境刺激有关。

父母们都知道“授人以鱼不如授人以渔”的道理，但是现实生活中，却有很多人会不由自主地选择给自己的孩子“鱼”，而不是“渔”，因为他们总是担心孩子会累着、伤着、磕着、碰着。

暑假的一天，李志刚带着自己的两个孩子到沙滩边修理小木船。

李志刚指着甲板上一块松动的木板说：“孩子们，我们先把这块木板钉好吧！李奇，过来帮我压住这块调皮的木板。”

“还有你，李华，快去，帮我把工具箱里的大钉子和锤子拿来！”

一切准备就绪后，李志刚说：“孩子们，你们自己动手修理小木船好了，爸爸得坐下来休息一会儿！现在要看你们的表现了！”

说完之后，李志刚就坐在一旁休息。

可是，还没到5分钟，在一旁修理小木船的兄弟俩就吵了起来。

李奇埋怨李华差点把钉子钉在自己的手上，李华说李奇没有压好木板，两个人越吵越激烈，修理工作自然停了下来。

李志刚急忙对他们说：“喂，喂，两个能干的小工匠，不要吵，不要吵，让我给你们做个示范，你们就知道怎么干了。我之所以让你们动手修理小木船，是想让你们知道光有勇气和蛮力是做不好事情的，必须掌握一定的技巧，另外再加上十个灵活的手指，才能做好修理的工作！”

于是，从如何握住一颗小小的螺丝，到应该使多大的力气才能拧紧这颗螺丝；从怎样调节一只扳手的开口大小，到怎么做好手脑的结合工作；从不同钳子的种类到使用，李志刚一一对两个孩子作了详细的讲解，同时还让孩子亲自做一下，加深体会。

很快，两个孩子就学会了怎样正确地使用工具，他们又自己动手修理起了小木船。

天生就有好奇心的孩子对于任何新事物都愿意尝试。让孩子参与家务劳动，是吸引孩子动手兴趣的一个妙招。父母要有意识地培养孩子的自理能力。孩子小的时候，可以让他学会自己整理自己的玩具，自己完成洗手、洗脸、倒水喝、脱衣睡觉等小事情；孩子大一点，可以让他自己打扫房间，洗一些小物品，如手绢等，帮助爸爸、妈妈拿一些较轻的物件；再大一点，可以让他负责照料自己喂养的鱼、给花浇水、洗碗、拖地、整理衣服等。孩子一般都有较强的自主意识，都很乐意做一些生活中的小事情，父母要及时给予孩子适当的鼓励。

有的父母非常能干，做什么事情都大包大揽，凡事自己动手，甚至越俎代庖，剥夺了孩子锻炼自己动手能力的机会；有的父母过于低估孩子的能力，认为孩子太小，什么事都做不了，做不好，甚至担心孩子损坏东西，于是包办一切；有的父母过于注重孩子的知识文化素质教育，认为孩子只要学习好，动手能力差也没有关系，从而忽视了对孩子动手能力的培养。

无论做任何事情，经验和知识都是处于同样重要地位的，孩子都是在不断摔倒的过程中成长起来的。父母与其搀手扶持，不如传授给孩子爬起来的勇气和方法。

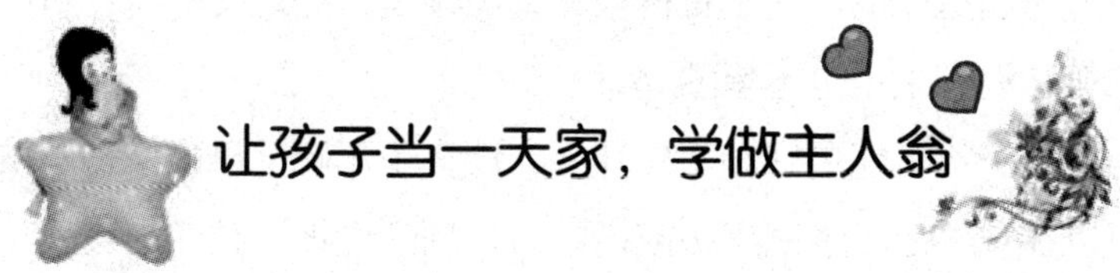

让孩子当一天家，学做主人翁

许多父母对孩子过度照顾，剥夺了孩子动手做家务的机会。这些父母苦心包揽全部家务，使孩子们不仅不会做家务，更使他们养成衣来伸手、饭来张口的习惯，以为别人为自己做什么都是应该的，却不知道自己也有关心与帮助别人的一份责任和义务。

为了改变孩子一切依赖父母的状况，让他们了解父母的辛苦与不易，将来能更好地适应社会，父母应该舍弃那种过分溺爱之情，给孩子创造一些机会，让孩子试着当一天家。

李萌今年9岁了，他经常埋怨爸爸妈妈对他管得太紧，没有自由。周末快到了，爸爸提出一个建议：让李萌来当一天家。家里的饮食安排、卫生、休息时间、钱，他都有自由支配的权力，但他要保证大家的生活正常维持。

李萌接到任务后很兴奋，他想终于自由了。早晨他睡懒觉到10点，大家也效仿他。他肚子饿了，才想到授权爸爸去买早点。中午他点了家里要买的菜，妈妈就拿钱出去了。一想到卫生还没有打扫，就赶紧安排爸爸和自己忙活了起来，由于时间没有安排好，李萌手忙脚乱的，还有很多事情没完成，下午两点全家人才吃上午饭。

一天下来，李萌觉得太累了，他终于明白，原来过好独立自由的生活并不是件容易的事。

孩子很多时候体会不到幸福，也无法明白责任、义务，是因为每天力所能及的事也被父母代劳，从未站在父母的角度来感受过，没有体验过换位思考而造成的。孩子觉得被父母照顾是天经地义的事，所以也就事事依赖，没有主见也不想独立。

为了孩子将来能更好地适应社会，让孩子了解父母的辛苦与不易，父母可以在孩子上小学高年级或初中时，周期性地让孩子当一天（或两三天）家，不失为一个行之有效的办法。

父母要放手、信任孩子，不要干预，即使孩子安排得不是很合适，也不要当即否定，而是等到第二天再与他一起总结，先让他自己提出改

进意见，然后再补充。相信孩子对这样的活动定会兴致很高，也会十分用心和负责任，他的快乐与收获也定会出乎父母的意料。

让孩子养成爱劳动的好习惯，从而体会父母的辛苦和不易，拥有一颗感恩的心。郑板桥说过："滴自己的汗，吃自己的饭，自己的事自己干；靠天，靠地，靠父母，不算是好汉。"就是说，人要从小自立，学会打理自己的生活。小孩子对一切都感兴趣，对大人做的事也想试一试，父母可以鼓励孩子自己穿衣、叠被、自己吃饭，帮大人做一些力所能及的家务。无论孩子做得好坏，都不要阻止他们的行动，而应教授孩子一些技巧和方法，让孩子体味劳动的乐趣，并适时地进行表扬和鼓励，让孩子感到自己在家中的重要地位和重要作用，提高孩子的自信心。

其实，孩子有时并不像父母想象的那样需要保护，父母应该多给孩子一些锻炼和表现的机会，多给孩子一些成长的空间，孩子就会成长得越好，因为孩子的潜力是无限的。

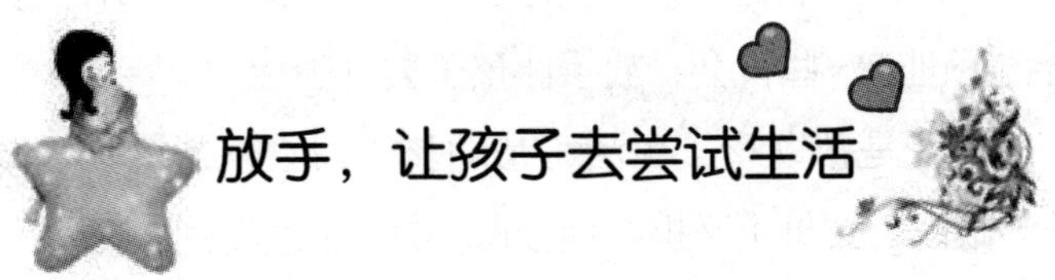

放手，让孩子去尝试生活

生活能力是人生存与发展的基本能力，这种能力不是天生的，而是从小培养出来的。父母要放手让孩子去尝试生活，逐渐培养出孩子自己照顾自己的习惯。孩子对任何新鲜事物都有一分好奇心，这使他们常常产生探索的冲动，而一些父母往往在孩子主动进行尝试时，由于怕脏或怕孩子做不好而为孩子代劳。

洋洋拿着杯子颤颤颠颠地走过来，一下把水泼在沙发上，妈妈马上把

孩子拉开，一边收拾残局一边心疼地说："你还小，不能自己喝水！要是换成热开水，那可不得了！"每次吃饭时，洋洋都想自己拿汤勺舀饭吃，可奶奶怕弄脏地板、衣服，不准洋洋自己动手，而是一勺一勺地喂给孩子吃。晚餐结束后，妈妈收拾桌子，洋洋主动帮妈妈端盘子、收筷子，妈妈忙说："快放下，你会打碎它的，等你长大以后再帮忙，出去玩吧！"

孩子的独立生活能力差，是因为孩子们的懒惰不愿动手做事吗？其实不然，没有一个孩子不喜欢自己动手。"做"是他们锻炼的机会。孩子一会走就有帮助妈妈们的愿望，2岁的孩子就会帮大人拿东西、跑跑腿，3岁的孩子自立愿望非常强烈，什么事情都想去干。但是他们还太小，能力有限，常常会把事办糟。这时，父母们就应鼓励他们试一试，不要责怪或制止他们的行动，因为保护孩子的心灵远比不让孩子犯小的错误更重要。

独立生活能力是人生存与发展的基本能力，这种能力不是天生的，要从小加以培养。为了改变孩子一切依赖父母的状况，让他们了解父母的辛苦与不易，将来能更好地适应社会，父母应该舍弃那种过分的溺爱之情，给孩子创造一些机会，放手让孩子尝试生活。

父母的责任是帮助孩子生活，帮助孩子自立，帮助孩子做人。比如，孩子学做饭，父母不必担心他会做不好，在旁边监护着，只要教他方法，让他练习，孩子自然就学会了；父母还可以教孩子自己整理书架、书桌，自己布置房间，有条件就让他单独睡觉；可以教孩子管理经济费用，把零用钱存起来。

总之，凡是孩子自己能办的事，都要让他自己去尝试，让孩子出马，父母退在后面，否则会限制孩子的生存能力，削弱孩子的动手能力。

有一个男孩4岁了，可走路还是踉踉跄跄。他不敢走楼梯，只会手脚并用地爬楼梯。究其原因，是他家人抱的太多了，他根本没有下地走路的机会。大人满足了抱孩子的享受，孩子却失去了学习的权利。孩子虽然“小”，但也是一个独立的个体，同样需要自由，需要自己的空间，需要实践自己的方式和思维，去迎接生活。

对于孩子独立尝试的事，只要他付出了努力，无论结果如何，父母的认可和鼓励都会使孩子产生信心。接下来，你再对他的不足之处予以指导，他们再做类似事情时，很可能会是一个好结果，而这种成功体验，对他们做事主动性又是一次强化。

爱孩子就要学会锻炼孩子，过分娇惯，有百害而无一利。父母应该学会放手，让孩子走自己的人生，哪怕他时常摔跤，父母只需要远远看着，在心里为他喝彩加油就可以了。

让孩子自己做决定

“生命的价值在于选择。”但做父母的常常忘记这一点，他们不让孩子去做选择，总是忍不住要替孩子做选择。于是，孩子只能按照父母的决定去做。那么，这些决定越正确，其窒息感就可能越强。一方面，孩子获得的资源越来越多，能力也越来越强，但另一方面，他的生命激情却会越来越低。他们感受到这一点，于是想对父母说“不”，但他们又一直被教育听话，所以连“不”也不能说了，只好用被动的方式去叛逆。

李涛刚上二年级，课余时间特别喜欢打乒乓球，而对踢足球不感兴趣。但他却有个足球迷的父亲。父亲看到李涛经常去练习打乒乓球，就

教训他："小球没有出息，去练大球！"李涛不愿意踢足球，父亲就强迫儿子和他一起去足球场练球，弄得李涛总是不开心。

现实生活中，像这样的事情常常发生。女儿想学长笛，母亲却非要她放弃长笛改学钢琴；儿子喜欢文科，父母却以"学好数理化，走遍天下都不怕"为借口，为他选择理科……一个人不能选择自己喜欢做的事情是痛苦的，对此，成年人应该感受最深。父母同样应该明白：孩子也是人，也有自己的喜好，强迫他们去做不愿做的事情，孩子总会不开心。要是让孩子按父母的意图去行事，就可能引起孩子的敌对情绪和反抗。

总是由父母做决定的孩子，长大后常常缺乏判断力和选择的能力，而且缺乏责任感，甚至不知道如何对自己负责。因此，父母应该给孩子一点做决定的机会，让孩子学会如何做决定。

生活中，很多做父母的，很多时候喜欢按照自己的经验和方法来指导甚至命令孩子，就是想让孩子少走点弯路，少吃点苦。做父母的很多时候喜欢替孩子去决定一些事情，小到穿什么衣服，大到以后要过什么样的生活。总是不放心孩子，可是父母能照顾孩子多久呢？以后如果父母不在了，谁去帮孩子做决定？别总是把孩子揣在自己的口袋里，很多时候，让孩子自己做决定吧，哪怕他们得多走点弯路，哪怕会摔几个跟头，哪怕会吃很多苦，对孩子来说，那都是财富。

如果父母希望孩子相信自己，那么父母就必须鼓励他们，允许他们变化，允许他们自己做出决定。父母总是不让孩子照料自己的生活，自己的事情不能自己做主，就会人为地推迟孩子学会料理自己生活的时间，使孩子产生对父母的依赖感，缺乏自我决策的意识。如果孩子对父母依赖性强，父母就应该在平常的生活中，培养孩子的自主意识——自己的事情自己决定，自己的事情自己解决。

只要不是原则性的问题或危险的事情，父母都可以放手让孩子自己

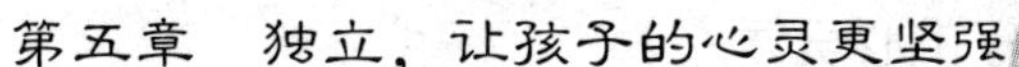

做决定，而且要多提供机会，让孩子自己做决定，并且是真正的自己做决定，父母千万不要左右孩子。要给孩子以单独思考、学习和玩耍的时间和机会，这样，孩子才能成长为一个独立、有主见的人。

当孩子面临一些难以选择的问题时，父母可以对孩子说："这是你自己的事，你应该自己来拿主意。"从父母的角度来说，应该把选择的权利尽量给孩子，在做出关于孩子的一些决定时，也应该征求孩子的意见。

作为父母，不应该对孩子事先作出假设或者限制，因为孩子的成长过程是一个不断发展变化的过程。父母能做的就是学会让孩子自己做决定，这样，孩子做事情才是发自内心的，而且在做事过程中，才会形成自己了解自己、自己认识自己、自己发展自己的能力。

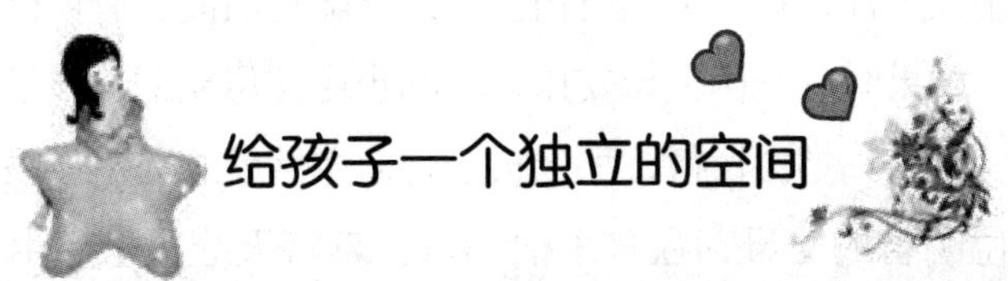

给孩子一个独立的空间

有些父母对子女呵护得很仔细，什么都帮他们做得好好的，看起来是父母的爱心，实际上却抹杀了许多孩子自我成长的机会。其实，孩子开始学习走路，就是尝试"独立"的开始。随着他们一天天地长大，他们会自然而然地朝向"独立"，朝向成长前进发展。面对孩子的独立，面对孩子的成长，作为父母，就应该适当放手，给他们一个独立的空间，给他们锻炼的机会，为孩子的健康成长铺路架桥。

现在的孩子基本上都是独生子女，在物质方面是富裕的一代，而在人身自由度方面却受到很多限制。父母应该还孩子一些自由的空间，让孩子从小学会锻炼，至少不要在他跌倒的时候就毫不犹豫地将他扶起，让孩子自己通过双手独立地站起来。

强子刚上小学一年级，妈妈就给他准备好了他自己的房间，说是给孩子一个独立的空间。可是，强子从学校刚回到家中，妈妈就开始管束强子，不让他看动画片，不让玩玩具，要先把作业做好，然后再做妈妈给他买的课外练习。强子虽然不满意，可还是坐在自己的小桌前，磨磨蹭蹭地开始写作业。妈妈不放心，过10分钟就进来检查强子做作业的进度。强子虽然很反感妈妈的做法，但也只是敢怒不敢言。

在孩子很小时，有的父母就会为孩子准备孩子自己的房间，而且在孩子的房间里，有着最豪华的设备，让孩子在这里安心地玩乐，安心地做作业。可是父母是否会想到，孩子需要的不仅仅是形式上独立的房间，更要有属于自己的、自由的遐想空间。

和成年人一样，孩子需要有自己可以支配的时间，有自己能自由玩耍的空间。如果时间全由父母安排，空间也由父母支配，孩子的事全由大人包办，孩子只是去执行，那么孩子的自主性就永远不会培养出来。

有一位明智的父母，在孩子很小时，就每天给孩子自由支配的时间。在这段时间里，孩子可以做自己喜欢做的事情。孩子有时玩，有时读自己喜爱的书，有时画画。当然，有时可能是忙来忙去，什么也没干成。但孩子逐渐懂得了时间的宝贵，学会了自己安排时间和计划。

孩子也是独立的个体，也有自己的观念和判断。也许他们的生活经验还不足，在生活中会犯一些错误，但孩子犯错误是可以理解的，也是必要的。孩子在成长的过程中需要吸取教训，积累经验。如果不给孩子自由发展的空间，孩子没有足够的实践，那么将来需要做自主选择时，就很可能会束手无策。

意大利教育家蒙台梭利的“精神胚胎”学说认为：胎儿在母体中形成的那一瞬间，就有一种内在的东西，这种东西将在儿童一出生就知道儿童如何发展，知道儿童去抓什么，去摸什么……这种东西就是“精神胚胎”。这种学说听起来或许有些先验论的神秘色彩，但它却科学地指出了儿童成长的特征。

做父母的常常以自己的思维模式、想当然的育子模式，来规范孩子的行为，以为这样做就是对孩子负责，其实这种爱，往往会误导孩子走向一条相反的路，甚至曲折的路。

培养有主见的孩子

主见就是对事情有自己确定的主意。如果孩子既乖巧听话，遇到事情又能坚持自己正确的看法，不人云亦云，这在竞争的社会里，将有利于孩子的健康发展。

李洁的孩子从幼儿园一直到上小学，所有的事情都是父母包办代替，孩子也乐得逍遥自在。可是，在学校这个集体里，孩子的弱点很快就显现出来，做什么事情都是老师说什么，她就做什么，同学讲什么，她也就信什么。

每个人都不是别人的附属物，应该努力迫使从被动转向主动，成为自己未来生活的主人，没有人比你自己更在乎你的学习和生活；没有人比你自己更适合于管理你的人生和前途；只有积极主动的你，才能找到真正的“自我”；只有积极主动的你，才能在瞬息万变的竞争环境中赢得成功；只有善于展示自己的你，才能在未来的社会中获得更多的主动。

在一次世界优秀指挥家大赛的决赛中，小泽征尔按照评委会给的乐谱指挥演奏，在演奏的过程中，他发现了其中有一个音符不和谐。起初，他以为是乐队演奏出了错误，就停下来重新演奏，但还是不对。他觉得肯定是乐谱出了问题，于是他当着评委的面指了出来。这时，在场的作曲家和评委会的权威人士坚持说乐谱绝对没有问题，是他错了。面对一大批音乐大师和权威人士，他思考再三，最后斩钉截铁地大声说："不！一定是乐谱错了！"话音刚落，评委席上的评委们立即站起来，报以热烈的掌声，祝贺他大赛夺魁。

原来，这是评委们精心设计的"圈套"，以此来检验指挥家在发现乐谱错误并遭到权威人士"否定"的情况下，能否坚持自己的正确主张。前两位参加比赛的指挥家虽然也发现了错误，但终因随声附和权威们的意见而被淘汰。而小泽征尔却因充满自信而摘取了世界指挥家大赛的桂冠。

要培养一个有主见的孩子，父母首先要做到放手，现在父母普遍都爱包办孩子的一切，什么都不放心孩子去做，什么事情部帮孩子拿主意，做决定。这样养育出来的孩子将来必然缺乏独立性，没有自己的主见，什么事情都想依赖别人。

在人生的旅途中，你是你自己唯一的司机，千万不要让别人驾驶你的生命之车，你要稳稳地坐在司机的位置上，决定自己何时要停车、要倒车、要转弯、要加速、要刹车等。人生的旅途十分短暂，你应该珍惜自己所拥有的选择和决策的权利，虽然可以参考别人的意见，但千万不要随波逐流。

我们都希望孩子能够独立自主，有主见，但是许多时候我们的做法跟理想有很大矛盾，我们应让孩子知道，父母不是永远正确的。

第六章

自信，让孩子的心灵更有活力

自信是孩子成功的基石

自信对每个人都非常重要，无论面临的是学习的压力，还是工作的挑战，无论身处顺境还是逆境，自信都可以产生神奇的效应。

自信是人生成功的第一要素，成功只青睐自信者，与自卑或自负者无缘。自信对一个孩子一生的发展所起的作用，无论在智力上，还是在体力上或是处世能力上，都有着基石性的作用。自信心能够成就孩子的一生，在某种意义上，它比智力、知识更重要。

一天，几个白人小孩正在公园里玩，这时，一位卖氢气球的老人推着货车进了公园。白人小孩一窝蜂地跑了过去，每人买了一个，兴高采烈地追逐着放飞在天空中的色彩艳丽的氢气球。

在公园的一个角落里站着一个黑人小孩，他羡慕地看着白人小孩在嬉笑，却不敢过去和他们一起玩，因为自卑。

白人小孩的身影消失后，他才怯生生地走到老人的货车旁，用略带恳求的语气问道："您可以卖一个气球给我吗？"老人用慈祥的目光打量了一下他，温和地说："当然可以。你要一个什么颜色的？"

小孩鼓起勇气回答说："我要一个黑色的。"脸上写满沧桑的老人诧异地看了看小孩，立即给了他一个黑色的氢气球。小孩开心地拿过气

球，小手一松，黑气球在微风中冉冉升起，在蓝天白云的映衬下形成了一道独特的风景。

老人一边眯着眼睛看着气球上升，一边用手轻轻地拍了拍小孩的后脑勺，说："记住，气球能不能升起，不是因为客观存在的颜色、形状，而是气球内充满了氢气；一个人的成败不是因为种族、出身，关键是你的心中有没有自信。"

自信心是一种积极的心理品质，是一种促使孩子向上奋进的内部动力，更是一种能使孩子赢得成功的催化剂。缺少自信，孩子会变得退缩懦弱，会放弃对自己的美好理想和愿望的争取；缺少自信，孩子会变得浑浑噩噩，碌碌无为，从此失去成就学业和事业的信心。载着孩子通向成功之路的航船就将在沙滩上搁浅，而且将永远到达不了成功的彼岸。

信心是一个人走向成功道路上的基石。在强烈的自信心的激励与驱动下，人的大脑机能就会焕发出极大的潜能，散发出无比灿烂的智慧之光；一个人有了自信心，他就能够调节自身的心理机能，培养起自己的兴趣、爱好，而兴趣和爱好是成就事业的最好老师；有了自信心，当主体与客体在智力、体力、意志力、个性品格等方面有差距时，主体内心就会产生一种强烈的比较期望，就会暗下决心，刻苦努力，试图赶上或超过客体，从而产生强大的动力。一个人的自信心一旦得到很好的爱护与培养，由此而挖掘出的智慧潜能将是不可估量的。

"天生我才必有用"，每个孩子都有自己的特点和长处，每个孩子都有尚未发掘出来的潜力和特质，如果能用尊重自己的态度努力发现和发挥这些潜能，每个孩子都可以在自信中品味成功，在成功中享受快乐，在快乐中放任自我。将自卑、自怨的心理阴影抛到九霄云外，自信才是成功的关键。

小小今年读四年级了，学习成绩还不错。前两天，学校组织知识

竞赛，一个班级选4名学生参赛，小小被选中了，可是她却说什么也不去。老师让小小妈妈回家好好做做小小的工作，可是，小小却告诉妈妈，她不想参加竞赛是因为怕比赛输了会丢人。

妈妈告诉小小："孩子你一定能行！妈妈相信你。"

"真的吗？"小小问。

"嗯！"妈妈坚定地点了点头。

于是，小小参加了竞赛，最终还拿了个三等奖。

其实，每个孩子都是天才，只要我们的教育方法得当，每个孩子都可以成为栋梁。而孩子的自信心就来自我们日常生活中对他的肯定和赞赏，这也是孩子树立自信心最直接和简单的途径。

一个被关爱着、被欣赏着、被鼓励着的孩子，才有可能获得最健康的人格。家庭的和谐与温暖对孩子的成长至关重要，而关爱、欣赏、鼓励、赞美 正是一个孩子自信的源头。

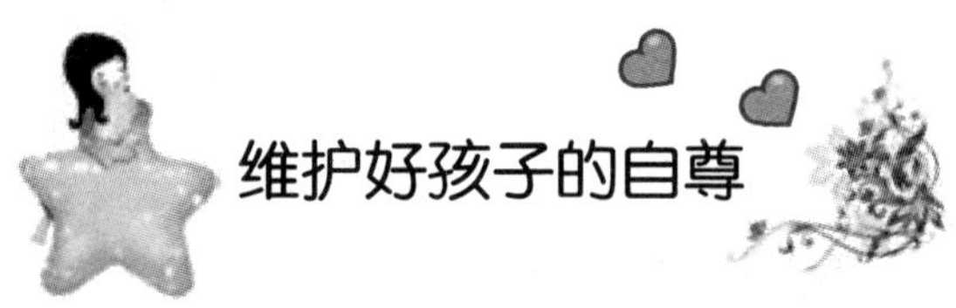

维护好孩子的自尊

孩子的自信来自自尊，一个没有自尊的孩子不可能有自信。生活中父母喜欢以他们的角度去衡量孩子，继而代之的是不适当地埋怨孩子，责怪声不断。围绕在孩子耳边的经常是这样一句话："这孩子不行！"殊不知，任何人都有自尊，孩子也不例外。孩子经常受到批评，就会失去信心，对自己感到失望，有的甚至靠攻击他人才能体会到自己是个强者，并以此来抚平自己的失望情绪，摆脱"我不行"的念头。

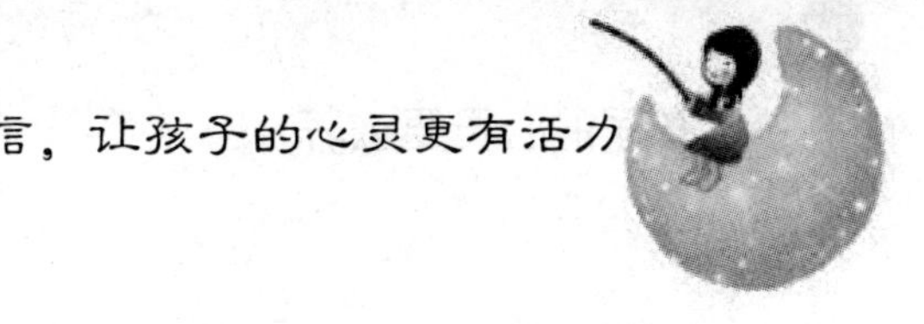

具有高度自尊心的孩子比较活跃，善于表达自己的思想；善于与他人建立良好关系，并深信自己的能力，执著地做自己想做的事情。在与人交谈中，他们乐于处在主导地位，而不愿意当听众，不愿意处于受支配地位；他们乐于发表自己的见解和主张，并不顾及别人的感受。

可是生活中很多做父母的，却在日常生活中有意无意地伤害着孩子的自尊心。

一天下午，一个不足10岁的孩子放学后独自到一片树林里玩耍。天黑了，这个胆小的孩子还没有走出树林，他怕遭到野兽的袭击，就爬到一棵大树上躲了起来。

父亲见孩子很晚还没有回家，就沿着孩子放学回家的路去找。在一片树林里，借着天空微弱的星光，父亲隐约看见儿子正躲在一棵大树的树杈上。父亲没有马上喊儿子下来，而是假装没有看见，吹着口哨在离儿子藏身的大树不远处溜达。

儿子听到父亲的口哨声好像遇到了救星，马上从大树上下来，吃惊地问："爸爸，你怎么知道我在这片树林里呢？"

"我是独自散步，没想到正碰上你在树上玩耍呢。"据说，这个孩子长大后进入了军官学校深造，毕业后成为一名作战勇敢的将领。

孩子毕竟是孩子，还不懂事，调皮是他们的天性，父母在考虑安抚自己心情的同时，要顾及孩子的自尊，千万不要让自己一时的冲动伤害了孩子的自尊心，从而导致无法挽回的境地。孩子经常受到责骂会感到紧张、恐惧、没有安全感，从而产生自卑，由失望、逆反而变得性格内向。长此以往，他会对别人产生莫名的反感、冷漠而不上进，更何谈有什么成就与作为。由此可见，其危害性之大。

俗话说，好孩子是夸出来的，而不是打骂出来的。现实生活中，有

的孩子一件事没有做好，父母就说“你怎么这么笨”；孩子平时有些胆小，父母就说“你真是个胆小鬼”；孩子偶尔一次小小的失误，父母就说“你怎么这么没用”，就指责他不争气。如果类似“傻呀、呆呀、笨呀、坏呀”这些话经常从深爱自己的父母口中说出来，会让孩子觉得连父母都这么评价自己，而导致自我否定。久而久之，一个本来不错的孩子，会在一片指责埋怨声中，失去应有的上进心和自尊心，甚至影响他们的人生观。

“己所不欲，勿施于人”，对待孩子亦然。自尊心人人都有，只不过孩子的自尊心更加脆弱，就像一只透而薄的玻璃杯，虽然美，但一碰即碎。生活的琐事很烦乱，总会有不如意的事情，与其对孩子说气话，倒不如冷静下来和孩子倾心交谈。父母要学会克制自己，在心里多想一下应该如何对孩子说，孩子听了后会有什么反应，面对孩子时也就能心平气和地去倾听、理解。

一个合格的父母，应该懂得用爱心去呵护孩子的自尊心、自信心，教育孩子要有爱心、耐心和恒心，坚持多表扬鼓励，少指责埋怨。只有这样，才能充分调动孩子的积极性，激发他们的自觉性、主动性，进而使他们不断克服缺点，逐渐完善自我，成为一个对社会有用的人。

鼓励是一种很有效的培养自信的好方法，每个孩子都需要鼓励，就像植物需要阳光一样。父母要善于站在孩子的角度看待问题，多发现孩子的闪光点。

在我们的生命之初，在孩童时代，我们是通过身边的人特别是父母对我们的评价来认识自己的。因此，每个父母都应注意，你的孩子是否自信，与你对他的评价有直接关系。

几乎每个父母都有这样的观念，教育孩子，就是不断地指出孩子的缺点和不足，对孩子的不正确行为提出批评，以为这样孩子就会逐渐变好。事实上，这种做法是极其错误的。人是很难因为批评而变好的。在每个人生命之初，孩子不知道自己是什么样的人，他能干什

么，他需要身边最重要的人，特别是父母对他的肯定。即他需要父母不断地鼓励和赞扬，这样他会逐渐建立起自信心。当孩子看到自己在父母眼中是那样的好，他会鼓起勇气做得更好。当孩子不断被父母批评时，他会感到自己是如此无能，他无法将事情做好，于是会看不起自己，失去勇气与自信。

因此，每个父母都应该改变过去的做法，立即从现在做起，每天试着去发现孩子的优点，并以欣赏的目光、愉快的心情来表扬孩子的优点，当孩子有一点点进步时，应及时给予适当的表扬与鼓励！

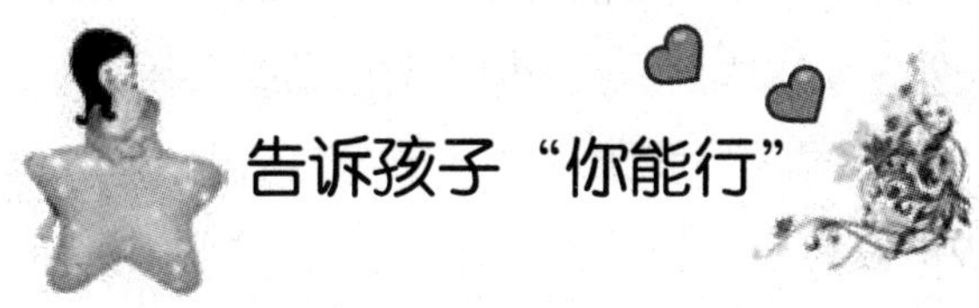

告诉孩子“你能行”

鼓励是培养孩子非常重要的一个方面，每一个孩子都需要不断鼓励，就好像植物需要阳光雨露一样。没有鼓励，孩子很难健康成长。但我们往往轻视对孩子的鼓励，往往忘记鼓励。许多人错误地认为孩子需要的就是教育，不断地教育，而教育更多的就是灌输和训导。

作为父母，往往你说孩子行，他就行；你说孩子不行，他就不行。你为他喝彩，他会给你一个又一个惊喜；你说他不如别人，他会用行动证明他真的很笨。其实，孩子就是在父母这样的语言塑造下成长起来的，可见父母的鼓励对于孩子的健康成长有多重要。

比如，让4岁的孩子自己穿衣服，不要说：“你现在自己穿上衣服，下午就给你买雪糕吃。”而只需说：“我想你已经长大了，能够自己穿上它了。”在这样的提示下，他努力穿好了，就会感到自己确实已长大了，就会在此后每天的努力中巩固这种感觉，从而自

信心大增。

父母的评价对孩子产生自信心理至关重要。幼儿时期，成人对孩子信任、尊重、承认，经常对他说“你真棒”，孩子就会看到自己的长处，肯定自己的进步，认为自己真的很棒。反之，经常受到父母的否定、轻视、怀疑，经常听到“你真笨、你不行、你不会”的评价，孩子也会否定自己，对自己的能力产生怀疑，从而产生自卑感。

因此，父母必须注意自己对孩子的评价，多为孩子的长处而感到骄傲，不为孩子的短处而遗憾。要以正面鼓励为主，要善于发现孩子身上的闪光点，不盲目地拿自己的孩子同别的孩子比较，而是多拿孩子的过去与现在比较，让孩子知道自己长大了，进步了，从而产生相应的自信心理。尤其是特别要给予发展慢的孩子以更多的关怀和鼓励，让孩子懂得人人都有长处，使这些孩子逐渐树立对自己的正确评价。

有些孩子生活里常自我预言“我很没信心”、“我是没用的”等，这种消极的心理会让他没勇气尝试新的事物。父母应该让孩子先尝试去面对、体验、感受、判断等，处理自己面对的困难。父母从旁引导、积极地表扬、肯定和鼓励，让孩子淡化“我无能”的心理，建立“我也行”的心理。如：“妈妈知道你能整理好，别心急，想一想，然后，你就能把事情做好”、“只要你有心尝试，必定能完成它”。父母不要指责或讽刺孩子，如对孩子说：“都知道你是不行的，看，把事情越弄越糟！”“自己无能，还要勉强，还不是需要我帮你解决！

做父母的，应该用“你能行”来激励孩子，要坚信孩子“能行”，放手让孩子去实践，亲身体验失败的滋味和成功的喜悦。父母要爱孩子，尊重孩子、理解孩子、懂得孩子，让孩子生活在“你能行”的环境中，让孩子慢慢地由消极变为积极，将“你能行”变成“我能行”。

创造机会，在实践中培养孩子的自信心

自信心的培养要从一点一滴做起，不是抽象的。父母应该正确认识到孩子的缺点和优点，正确把握，创设良好的机会和条件让孩子去尝试和发现。让孩子做一些力所能及的事，让他从中体验成功带来的快乐，并树立他的自信心。

诚诚今年8岁了，长得眉清目秀，然而性格很腼腆，和熟悉的人他唧唧喳喳地说个没完，但是到了外面，面对陌生的人，他却不爱说话，不善于和别人交流。爸爸为此总想找机会锻炼儿子的交往能力，让儿子变得开朗大方一些。

期中考试的时候，诚诚考了全班第一名。爸爸为了奖励他，就给了他300元钱让他去超市买了一辆他最爱的赛车。买回来之后，诚诚就迫不及待地打开盒子，开始拼装赛车。然而拼着拼着，诚诚发现里面少了根铜丝线。没有了它，赛车无法行驶。

于是，诚诚央求爸爸道："爸爸，去退货，重新换一辆吧。"

爸爸说："好呀，不过这个任务得由你来完成。"

诚诚急了："我怎么能行呢？"

爸爸故作轻松道："怎么不行，你会自己去买车，当然也会自己去换呀！"

诚诚懊恼地说："那要是他们不换，我怎么办？"

爸爸随即给他打气："怎么会呢，这是质量问题，你只要说清楚，营业员阿姨会给你换的。"

诚诚一看没辙了，只好硬着头皮答应试一试。

为了给儿子壮胆，爸爸陪他一起前往。只是，爸爸在超市外面不进去，

由诚诚自己一个人进去。诚诚磨磨蹭蹭地进去了。隔着透明的门帘望去，只见诚诚拿出袋子里的赛车，在和营业员说着什么。可能是营业员亲切的态度，诚诚的表情逐渐变得自然，全然没了刚才来时的那种退缩和胆怯，还时而转过头来向爸爸微笑，好像在说："爸爸你看，我不害怕了。"

这时，另一个服务员领着诚诚走进了里边的柜台，可能是进行换车前的一翻检查吧。正当爸爸左顾右盼时，诚诚欢快地从里面跑了出来，脱口而出："爸爸，我成功了！"

看着儿子的高兴劲儿，爸爸也不由自主地乐开了。因为，今天儿子换回来的不仅是一辆车子，更是一种自信，一个新的开始。

生活中，父母可以经常给孩子一些他一定能完成的任务，比如摆碗、盛饭、给爷爷拿眼镜、到信箱拿报纸等，他做到了就适当表扬，以帮助孩子树立自信心。

在日常生活中，如果孩子在众人面前不敢说话，父母就要不失时机地创造条件，多给孩子表现的机会，如见到客人主动问好，放手让孩子打听商品价钱，鼓励孩子主动问路等；孩子拍球拍不好，父母也不要气馁，在教给孩子拍球的正确方法的同时，要对孩子有信心、有耐心，千万不要以激烈的言辞刺激孩子。

让孩子做力所能及的事，是培养孩子自信心的好方法。因此，无论是在家里还是在学校，父母或者老师都应该给孩子创造一些自我锻炼和自我展示的机会，让孩子在点滴的成功中获取更多的自信。

让孩子从成功的喜悦中获得自信心

培养孩子自信心的条件是让孩子不断地获得成功的体验，因为过多的失败体验，往往会让孩子对自己的能力产生怀疑。因此，老师、家长应根据孩子发展的特点和个体差异，提出适合孩子水平的任务和要求，确立一个适当的目标，使孩子经过努力能完成。孩子需要通过顺利地学会一件事来获得自信。

另外，对于缺乏自信心的孩子，要格外关心。如对胆小怯懦的孩子，要有意识地让他们在家里或班级上担任一定的工作，在完成任务的过程中培养大胆自信。创造民主、和谐的家庭气氛像人类赖以生存的阳光、空气那样，无时无刻不在影响着孩子的身心健康和智力发展。让孩子品尝成功的喜悦，通过成功提高自信心，发展积极性，最终形成自己争取成功的内部动力机制。

小杰今年6岁了，有一天晚饭后，妈妈拿着50元钱准备还给隔壁的张女士。忽然妈妈像想起了什么似的，拉着孩子的小手，把钱塞到他的手里，笑着说："小杰好乖，把这钱送给隔壁的张阿姨。"

当时，全家刚刚搬到这个地方，小杰对这儿的一切都还是很陌生。小杰一听，显得很害怕的样子，急急地说："不，不，我不敢去！"那神情仿佛是要带他去医院打针。可妈妈并没有就此放弃，费尽了好一番口舌和心思，最终小杰拿着钱一把鼻涕一把眼泪，一步一回头地往张阿姨家走去。那委屈，那伤心，真让人心疼。

大概两三分钟后，小杰从张阿姨家出来了，一蹦一跳，那欢快的脚步像只快乐的小鸟，那漾满了笑容的小脸上还有泪花在闪动，妈妈知道他成功了。"张阿姨说我真是个好孩子！还给我一颗糖呢！"小杰大声

说着，手中举着的糖就像举着一块金牌，心中的喜悦全写在脸上。

以后的日子里，妈妈隔三岔五地给小杰机会，每一次他都能胜利地完成任务。再后来，小杰常是自告奋勇地主动要求：“妈妈，让我来！”“妈妈，我能行的！”

自信心与成功是相辅相成的关系，自信者容易成功，成功者更加自信。对孩子来说，体验成功，是增强自信心的一种好办法。让孩子体验成功的喜悦，成功也会让孩子更加自信，更加愿意探索未知的世界。虽然孩子的学习之路荆棘丛生，坎坷不平，但孩子每次超越困难后都会获得欣喜和快乐。孩子做得好，父母应及时予以表扬，加以肯定，但要注意实事求是，不要太夸张，以免孩子自我膨胀，骄傲自大。孩子做得不好时，父母也要鼓励孩子面对现实，而不是一味逃避。

成功是获取自信的直接途径，多次的成功体验定会使孩子信心大增，对自己充满信心，而一次一次的失败体验只会使孩子丧失自信，不敢前行。让孩子品尝成功的喜悦，让孩子在喜悦中提高自信、学会自立、培养自理、热爱劳动。从小事做起，从现在做起，让孩子扬起成功的风帆，在人生的旅途中，在生活的海洋里乘风破浪，勇往直前！

父母的赏识是孩子信心的源泉

赏识是人类心灵深处最强烈的需求。对于孩子来说，由于年龄小，心理还很幼稚，他们心灵深处最强烈的需求、最本质的渴望就是得到别人特别是父母的赏识。哪怕天下所有人都看不起你的孩子，做父母的也要眼含热泪地欣赏他、拥抱他、赞美他，为自己创造的生命而自豪。孩子的成长道路犹如跑道和战场，父母应该为他们多喊“加油”，高呼“向前冲”，哪怕孩子一千次跌倒，也要坚信他们能一千零一次站起来。

第一次参加家长会，幼儿园的老师说：“你的儿子有多动症，在板凳上连三分钟都坐不了，你最好带他去医院看一看。”

回家的路上，儿子问妈妈，老师都说了些什么，她鼻子一酸，差点流下泪来。因为全班30位小朋友，只有她的儿子表现最差；唯有对他，老师表现出不屑。然而，她还是告诉她的儿子：“老师表扬你了，说宝宝原来在板凳上坐不了一分钟，现在能坐三分钟了。其他的妈妈都非常羡慕你的妈妈，因为全班只有宝宝进步了。”那天晚上，她儿子破天荒地吃了两碗米饭，并且没让她喂。

儿子上小学了。家长会上，老师说：“全班50名同学，这次数学考试，你儿子排在第40名，我们怀疑他智力上有些障碍，你最好能带他去医院查一查。”走出教室，她流下了泪。然而，当她回到家里，却对坐在桌前的儿子说：“老师对你充满了信心。他说了，你并不是个笨孩子，只要能细心些，定会超过你的同桌，这次你的同桌排在第21名。”说这话时，她发现，儿子黯淡的眼神一下子充满了光亮，沮丧的脸也一下子舒展开来。她甚至发现，从这以后，儿子温顺得让她吃惊，好像长大了许多。第二天上学时，儿子去得比平时都要早。

孩子上了初中，又一次家长会。她坐在儿子的座位上，等着老师点她儿子的名字，因为每次家长会，她儿子的名字总是在差生的行列中被点到。然而，这次却出乎她的预料，直到家长会结束，都没听到他儿子的名字。她有些不习惯，临别去问老师，老师告诉她：“按你儿子现在的成绩，考重点高中有点危险。”听了这话，她惊喜地走出校门，此时，她发现儿子在等她。走在路上，她扶着儿子的肩膀，心里有一种说不出的甜蜜，她告诉儿子：“班主任对你非常满意，他说了，只要你努

力，很有希望考上重点高中。”

高中毕业了。第一批大学录取通知书下达时，学校打电话让她儿子到学校去一趟。她有一种预感，她儿子被第一批重点大学录取了，因为在报考时，她对儿子说过，相信他能考取重点大学。儿子从学校回来，把一封印有清华大学招生办公室的特快专递交到她的手里，突然，就转身跑到自己的房间里大哭起来，儿子边哭边说：“妈妈，我知道我不是个聪明的孩子，可是，这个世界上只有你能欣赏我……尽管那是骗我的话。”听了这话，妈妈悲喜交加，再也按捺不住十几年来凝聚在心中的泪水，任它流下，打在手中的信封上……

每个人都有渴望得到他人的认可、赞同的心理需要。当孩子取得成绩时，他内心充满自豪，充满信心，这时，他们特别需要有人来分享他们的快乐，分享他们的成功。所以，为人父母者，要找准时机，创设情境，恰当地赏识孩子。

孩子的信心来自父母的信赖

父母的信任，在无形中会带给孩子一种巨大的力量，它能使孩子产生强烈的自信心和责任感，无论做任何事都能充分发挥潜能，克服各种各样的阻力，到达成功的彼岸。获得信任的孩子，会觉得身后有股强大的力量在支撑着自己，虽然是无形的，但父母的信任却带给了孩子精神上的莫大安慰。

创造一个和睦的家庭环境，对于孩子自信的培养非常重要。父母要多给孩子亲切、信任和尊重，并且注意培养孩子多方面的兴趣才能。对于孩子的行为要有合理的要求，说服引导多，惩罚打骂少。此外，经常鼓励与表扬孩子的进步，有利于促进孩子的自信心的发展。

父母是孩子生命的主要依存者，父母的信任是孩子建立自信的首要源泉。信任孩子也是尊重孩子。如果父母对孩子说“宝贝，你当然可以的，妈妈相信你”，那么这就是对他的价值和能力的充分肯定。虽然由于孩子小可能还无法意识到这一点，但是他心里肯定明白自己受到了“重视”，受到了肯定。而这，往往可以激励孩子为他的目标努力奋斗，不轻言放弃。孩子一旦有了“成就”感，有了希望，就会产生主动做事情的积极性，也会具有成功的信念。

每个孩子心灵深处最强烈的需求和成人一样，就是渴望受到赏识和肯定。父母要自始至终给孩子前进的信心和力量，哪怕是一次不经意的表扬，一个小小的鼓励，都会让孩子激动好长时间，甚至会改变整个面貌。

张女士的儿子上小学五年级了，成绩很好。张女士给儿子报了很多培训班，寒假时，儿子每天早上都要起来上奥数课。

有一天，张女士在街上遇到儿子的老师。老师告诉张女士说：“你儿子有一天没上课，可能去游戏厅了。”晚上回家，经她再三追问，儿子告诉她说他那天去给班里同学讲作业去了。当时张女士很生气地说道：“你还会狡辩。”儿子哭着说：“你为什么不相信我？”说完跑开了，母子俩几天没说话。

后来，那个同学的家长还打来电话表示感谢，张女士这才意识到孩子没有说谎，是自己没相信儿子，错怪了儿子。

对孩子的信任，能够激发孩子内心的动力，让孩子体会到成功的快乐和失败的快乐。他们会在父母充满信任的目光和言语中，自己从摔倒

的地方爬起来，一步一个脚印地走向成功，实现他们心中的理想。

不信任孩子是中国父母普遍存在的教育误区。大多数父母没有意识到，对孩子的不信任是对其尊严无情的挑战。当父母怀疑孩子撒谎，对孩子的话进行挑剔、质疑的同时，也无形地在孩子心中栽下了一颗被怀疑的种子。

有很多父母总是不相信孩子，总认为孩子太小，不能做这做那，总是包办代替太多，不相信孩子有能力处理一些问题。因而，也就不给孩子机会，让孩子自己去体验生活，增长能力。实际上，这是剥夺了孩子成为强者的权利。

亲子之间的信任往往可以从小事情开始，比如生活中的一些家事。现在我们看到很多家庭的孩子不会动手做家事，很多生活能自理的事情也都是父母帮着做好，其实大部分的孩子在小时候都有模仿和喜欢动手的兴趣，往往那个时候父母都会因为“不信任”而不给孩子动手的机会，也使得孩子将来做什么事时对自己没有信心，总是依赖别人。

其实孩子是具备一定能力的，只不过是父母很少给孩子体验的机会罢了。能力是在体验中积累起来的，只有深入到实践中去，一个人才能够获得综合能力。每个孩子身上都潜藏着巨大的能量，如果父母们能够大胆地放手，能够很好地去发现他们，挖掘他们，发挥他们，你将惊奇地发现：你的孩子是很能干的。

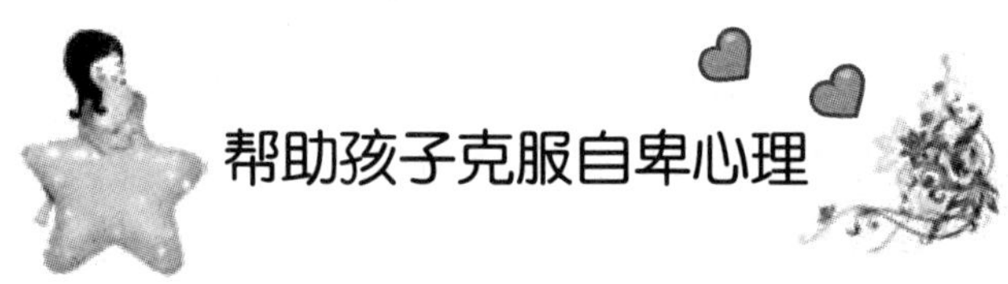

帮助孩子克服自卑心理

所谓自卑，是指一个人严重缺乏自信，他们常常认为自己在某些方面或各个方面都不如别人，常用自己的短处和别人的长处相比，具体体现在遇事不相信自己的能力，办起事来爱前思后想，总怕把事情办错被人讥笑，且缺乏毅力，遇到困难畏缩不前。因此，一个孩子如果被自卑心理所笼罩，其身心发展及交往能力将受到严重的束缚，聪明才智也得不到正常的发挥。

自卑是严重缺乏自信的表现，原因在于觉得自己在某方面比不上别人而产生的心理问题，是一种严重的性格缺陷。那么孩子如何克服自卑心理呢？这不仅要孩子自己努力，而且父母们也要做一些事情，帮助孩子克服自卑心理。

有些孩子在人群聚集的场合无法参与谈话，想表达自己心里的想法，但又张不开口，甚至害怕自己的发音不准。在整个交际过程中，他都处于一种紧张的状态。所以，羞怯对孩子的成长是十分不利的。羞怯的人往往十分脆弱、常常自卑、又极力压抑自己的恶习；他们摆脱不了挫折的阴影或者干脆躲在阴影中看这个世界。

与自信的孩子相反，自卑的孩子常常表现为过于胆怯，对自己估计太低，对同伴估计太高，看不起自己。这样的孩子往往胆小怕事，缺少勇气和自信。究其原因有两种：一种是由于能力差，很少受到老师和小朋友的关注，带班教师也许只顾忙于应付那些围着她问这问那的孩子，几乎忽略了这些性格内向、孤僻的孩子；另一种是成人教育方法不当，平时对孩子缺少耐心的教导，对孩子的期望值太高，一旦达不到要求，就百般呵斥。这样的孩子很难有愉快的心情，容易失去自信心。

伟伟今年读初中二年级了，学习成绩偏差，无心好好学习，上课无精打采，经常迟到、早退、旷课，缺交作业。伟伟的父亲是煤矿工人，母亲没有固定职业。伟伟在家是老二，小时候深受父母宠爱。在小学的时候他的成绩也不错，但上初一那年由于贪玩，学习成绩直线下降，同学嘲笑他，父母也责怪他。这一年，他大哥考上了大学。因此，父母说

伟伟不争气，没出息。这给伟伟造成了很大的心理压力，使他一拿起书就觉得头晕，并逐渐变得抑郁、自卑、厌学，甚至装病逃学。

自卑是一种性格缺陷，人的自卑性格的形成往往源于儿童时代。因此，父母应关注自己的孩子有没有自卑心理，一旦发现，须尽早帮助克服和纠正，以避免形成自卑性格。孩子也有一定的社会需求，他们渴望别人的关怀和认可，特别是老师和父母的关注。

自卑心理不是天生的，从主观上说，自卑心理是在后天由于自我评价不当而逐渐形成的。从客观上来讲，自卑心理是因为个人的某些缺陷或屡遭失败造成的。如果一个孩子很少体会过成功的喜悦或从未得到过他人的赞赏，他的自信心就会受到压抑，自卑心理就会日趋严重。一个屡受挫折甚至怀疑自己存在价值的孩子，很容易对自己的前途悲观失望。

有这样一句格言：“你之所以感到巨人高不可攀，只是因为自己跪着，不信你站起来试一试。”自卑是一种精神摧残剂，是孩子成长路上的绊脚石，它严重地压抑着孩子的聪明才智和创造力。要使你的孩子鼓起学习与生活的勇气，就得鼓励他们凡事都“站起来试一试”，时时想着自己不比别人差。

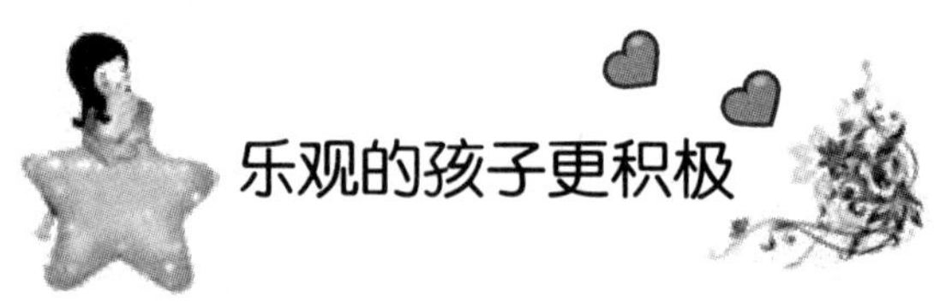

乐观的孩子更积极

要想让孩子生活幸福，从小就要教会他们乐观地面对人生，因为乐观的孩子总是能对未来充满希望。

英国浪漫主义诗人雪莱有这样一句诗："冬天来了，春天还会远吗？"让孩子拥有阳光的心态，对孩子的成长具有非凡的意义。

拥有阳光心态的孩子，即使他处在寒冷的冬天，他也能闻到春天的气息；即使他为逆境所困，他也会相信，总有一天，头顶的乌云会被射穿；即使他被挫折和失败一百次打翻，他也可以一百零一次站起来，把苦涩的微笑留给昨日，用不屈的毅力和信念赢得未来。海明威说过："人可以被撕碎，但不可以被打倒。"让孩子保持乐观的心态，那么，任何外来的不利因素都扑不灭他对人生的追求和对未来的向往。

其实，很多时候击败我们的不是别人，而是我们自己，是我们对自己失去了信心，并用颓废、退缩、消极的剪刀剿灭了心中那片有如火山般沉寂的光。水声亦作琴声听，让孩子保持阳光乐观的心态，孩子就可以把生活中的弊化为利，让苦变成甜，让恨生成爱，让单调变得丰富，让消极变得乐观。

有位秀才第三次进京赶考，住在一个经常住的店里。考试前两天他做了三个梦：第一个梦是梦到自己在墙上种白菜；第二个梦是下雨天，他戴了斗笠还打伞；第三个梦是梦到跟心爱的表妹躺在一起，但是背靠着背。这三个梦似乎有些寓意，于是第二天秀才就赶紧去找了位算命的帮忙解梦。

算命的一听，连拍大腿说："你还是回家吧。你想想，高墙上种菜不是白费劲吗？戴斗笠打雨伞不是多此一举吗？跟表妹躺在一张床上了，却背靠背，不是没戏吗？"

秀才一听，心灰意冷，回店收拾包袱准备回家。店老板非常奇怪，问："不是明天才考试吗，今天你怎么就回乡了？"

秀才如此这般说了一番，店老板乐了："哟，我也会解梦的。我倒觉得，你这次一定要留下来。你想想，墙上种菜不是高种吗？戴斗笠打伞不是说明你这次有备无患吗？跟你表妹背靠背躺在床上，不是说明你

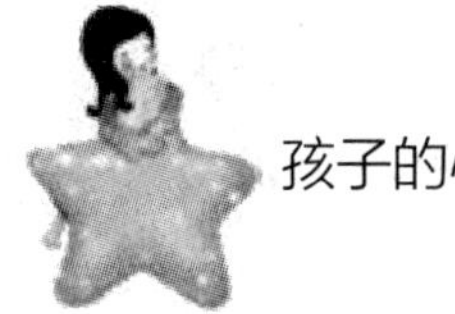

翻身的时候就要到了吗？”

秀才一听，觉得更有道理，于是精神振奋地参加考试，居然中了个探花。

乐观是一种性格或倾向，使人能看到事情比较有利的一面，期待有利的结果。儿童心理学家马丁·塞利格曼认为，乐观不但是迷人的性格特征，还有更神奇的功能，它能使人对生活中的许多困难产生心理免疫力。因此，乐观的孩子不易患忧郁症，他们也更容易成功，身体也比悲观的孩子更健康。

乐观是孩子对未来充满信心和希望而又不断进取的个性特征。孩子对那些能够满足自己需要的事物或对象，会产生一种积极的情绪体验，而对无法满足自己需要的事物则会产生消极的情绪体验。乐观的性格是孩子应对人生中悲伤、不幸、失败、痛苦等不良事件的有力武器。如果孩子无法乐观地面对人生，就会意志消沉，对前途丧失信心，而且长此以往，还会损害身体健康。

第七章

孩子心灵的成长需要爱心

爱心让孩子具有博爱的胸怀

爱心是孩子将来立身社会的基础和前提。孩子的爱心是通过自然而然的模仿、潜移默化的渗透而逐渐形成的，是一个从外在到内在、从量变到质变的发展过程。在这一发展过程中，家庭是最重要的爱心培育基地，父母是最直接的爱心播种者。

盼盼正在读小学四年级，最近她在学习有关植物方面的知识。她觉得那些花草实在是太美了，便恳求妈妈给她买一盆鲜花。妈妈同意了盼盼的请求，带着盼盼到花卉市场买了一盆小花。妈妈希望盼盼看到小花生长的整个过程，且能够自己照顾它；并和盼盼约定，由盼盼自己负责照顾鲜花，给它浇水和施肥。

最初几天，盼盼非常兴奋，每天都耐心地给小花浇水，还根据日照的情况，不断给花盆挪动位置，并拿出本子，歪歪扭扭地在上面画出花卉生长的情况。可是，没过多久，妈妈发现，盼盼给花浇水的次数越来越少了，甚至好多天都不给小花浇水，也不做记录，似乎她已把养花的事给忘了。结果，小花慢慢枯萎了，叶子也开始泛黄，生长的速度减慢了，再过几天，那盆花就要死了。

吃过晚饭，妈妈把盼盼叫到阳台，说：“你给花浇水了吗？”

盼盼低着头说："没有。""为什么没有？""我……""我们在买这盆花的时候，你是怎么说的？由谁负责给这盆花浇水？"盼盼沉默不语。"你看，这盆花多么地伤心、悲哀！它失去了美丽的叶子而变得枯黄，而这都是因为你。"

以后的日子里，盼盼每天坚持给花浇水，不久小花又恢复了以往漂亮的颜色。

俗话说，种豆得豆，种瓜得瓜。孩子爱心的培养，需要父母的爱心浇灌。世界五彩缤纷，人间丰富多彩，都需要有爱心的人去发现，去欣赏，去领悟。孩子爱心的培养，关键时期在童年。

成功之路有千万条，条条都是爱心铺就的。无论是成功的事业，还是成功的学业，无论是成功的友谊与婚姻，还是成功的身心健康，都离不了爱心。爱心是人的非常重要的素质，它是人性的基础。一个没有爱心的人，就是一个冷漠的人，一个与社会脱节的人。

现在的独生子女往往是整个家庭的中心，由于孩子受到了太多的关心和爱，同时，他们又缺乏付出关心和爱的引导，从而导致他们不懂得分享，不知道爱别人，养成了自私、懒惰、任性、缺乏责任感和不会关心他人的坏毛病。

一位儿童教育家说："只知索取，不知付出；只知爱己，不知爱人，是当前独生子女的通病。"其实，爱心是每个人都应该具备的一种素质，我们的孩子更需要具有爱心。所以，我们一定要把孩子培养成一个有爱心的人。

父母是爱心传递的使者，要尊老爱幼，用心去影响孩子，包括尊敬乡邻，爱护一草一木，珍惜光阴等，在潜移默化中使孩子拥有爱的感知，同时，耐心地给孩子讲解什么是爱，父母为什么这样做，结合生活中孩子破坏玩具、撕毁图书等不良行为进行教育，使爱具体化，让孩子从熟悉的人的生活和言行中汲取爱和爱心的真谛。

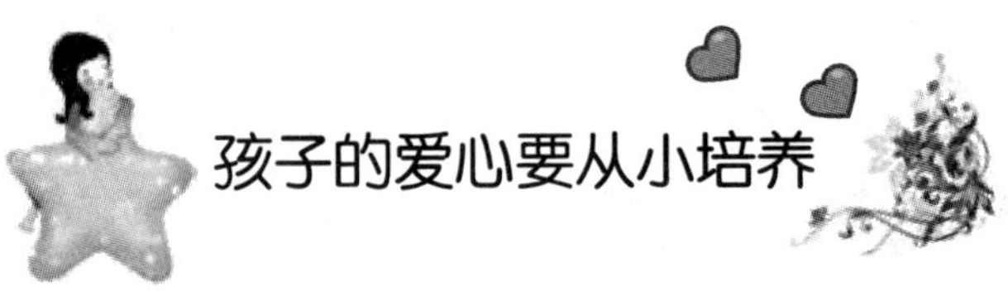

孩子的爱心要从小培养

爱心是人类最美丽的心灵之花。培养孩子具有爱心，是培养其他良好情操的基础。从孩子小时侯起，父母就应该经常教育孩子爱护比他小的朋友，帮助比他困难的伙伴，和同学有摩擦时先想想自己是不是做错了，做错了事情要向别人认错……

培养孩子爱心的最佳时期是在童年，这一时期是孩子人格形成的重要时期。相信每一个做父母的人，都不希望自己的孩子长大以后变得自私自利，所以孩子的爱心要从小开始培养。

爱心，是热情开朗的性格和对人、对事、对物一贯关心的态度。爱心，是能体察别人的心情，能站在别人的位置与角度，设身处地地为别人考虑，为别人着想，能够感受别人的欢乐、痛苦、烦恼、失望之心。爱心不需要回报，但却可以心心相传。如果说，每一件善事都是一颗珍珠的话，那么我们每一个人的爱心都是一根金线。用金线把颗颗珍珠串起来，就是世界上一条最珍贵的无价项链。

桃桃的爸爸因为工作关系经常出差，家里就只剩下桃桃和妈妈两个人。在桃桃很小的时候，妈妈就和孩子说：“爸爸不在身边，我俩要相互体贴照顾，各自完成好自己的事，让爸爸在外面放心工作。”桃桃点着小脑袋同意。妈妈让她操心负责自己的事情：如自己听铃声起床，自己穿衣服，晚上自己的内衣、袜子自己洗等。

另外，妈妈还会分少部分家务让桃桃做，比如吃饭的时候桃桃负责摆桌子，拿碗筷，吃完饭负责收拾、刷洗碗筷等，妈妈也会适时地表扬和鼓励桃桃。很快，桃桃自己都能认真做到。随着桃桃年龄的增长，妈妈适量增加家务劳动的内容：如择菜、收拾房间，帮妈妈一起招待客人等。慢慢地，桃桃觉得做好这些事情是自己的责任，并养成了良好的习惯。

爱心需要一个慢慢培养的过程。在家庭教育中，父母要善于发现孩子身上点点滴滴的闪光点，并不失时机地对孩子进行爱心教育。父母要从点滴的小事做起，比如尊敬长辈、同情弱者等，这些都是爱心的表现，对孩子良好的价值观、人生观形成大有好处。但是现在不少父母在教育孩子时，还存在误区，只看重孩子的成绩，以为孩子有好的成绩，就有好的将来，这对孩子的爱心教育是不妥的。

父母要经常爱抚孩子，对孩子微笑，让孩子感受到父母对他的爱，这是孩子萌生爱心的起点。随着孩子一天天长大，父母要把自己看做孩子的伙伴，陪孩子游戏、聊天、学习，让孩子感受到家庭的温暖，感受到被爱的幸福，为孩子奉献爱心打下基础。

人之初，性本善，父母要注重爱，做一个爱的使者，长期地、不断地把爱影响、传递给孩子。

爱心要榜样示范

孩子的一举一动，很多是从父母那里学来的，孩子的模仿力很强，因而父母在家里要做个好榜样。每当长辈外出回家时，就要让孩子为他们拿拖鞋、搬椅子、端茶等。长辈生病了，要带上小孩慰问：“您哪里不舒服？”“想吃什么？”“我来为你捶捶背。”每次端上可口的水果、香气扑鼻的鸡鱼肉蛋时，不让孩子独吃独占，并乐意把

自己最爱吃的东西省给爷爷、奶奶吃，让孩子养成“大家分享才快乐”的饮食习惯。

父母的言行能在很大程度上影响孩子今后的人生态度。孩子从小与父母生活在一起，父母的一言一行将直接决定孩子的行为，父母的举手投足，都会给孩子留下深刻的印象。所以，如果要培养孩子的爱心，父母一定要给孩子树立好的榜样，要让孩子有爱心，父母就要做出有爱心的行动。这样，孩子才能真正明白爱心的价值，才会真正培养自己的爱心。父母要懂得言传身教，懂得榜样的力量是无穷的，也是最有效的。

父母是孩子的镜子，孩子是父母的影子。只有富有爱心的父母，才能培养出富有爱心的孩子。孩子时刻把父母作为自己的榜样，父母的一言一行都在潜移默化地影响着孩子，身教重于言教就是这个道理。

因此，父母平时就要注意自己的言行举止，做到孝敬老人、关心孩子、关爱他人、乐于助人等，让孩子觉着父母是富有爱心的人，自己也要做一个富有爱心的人。父母同情别人的困难、痛苦的言行会深深打动孩子的心灵，感染和唤起孩子对别人的关心。

例如，雨天碰上没带伞的路人，若顺路可以替别人遮一程；路不好走，碰上腿脚不方便的人或者年老体弱的人，可以搀扶一把；碰上乞讨的老人，可以给别人一点吃的或者钱……虽然这些是小事，但是父母做了，孩子也会效仿，无形之中就培养了他的爱心。

父母的表率作用是毋庸置疑的，初入人世的孩子就像一张白纸，对社会的态度以及为人处世的原则很多都是从家庭的氛围中慢慢培养出来的。有很多父母本身就是很有爱心的人，在这个家庭里长大的小孩，耳濡目染父母的一言一行，长大了必定是个充满爱心的人。

提高孩子的移情能力

所谓移情能力，是指能设身处地为他人着想、感受他人情感的能力。如让孩子把自己的痛苦时的感受与别人在同样的情境下的体验加以对比，体会别人的心情，可以使孩子学会理解别人，学会移情。例如，看到小朋友摔倒了，父母启发孩子：“想想你摔倒时，是不是很疼？小朋友一定很难受，快去扶起他，帮他擦擦脸。”某地发生灾情，父母可引导孩子：“那里的小朋友没有饭吃，很饿，没有衣服穿，冷极了，你想想，如果你也在那里，会怎么样？我们去捐点衣服、食品送给灾区的人吧！”

科学家爱因斯坦曾说过：“人生的意义就在于设身处地为别人着想，乐别人之乐，忧别人之忧。”现在由于计划生育的实行，家庭中独生子女居多，父母们过分疼爱孩子，久而久之，孩子逐渐养成以自我为中心，缺乏同情心，行为残忍，抗挫能力差，不善人际交往，对长辈不够尊重……这些都是孩子缺乏移情能力的表现。由此可见，对孩子进行移情能力的培养是多么重要。

能正确地识别他人的情绪是孩子移情能力形成的基础。父母可以在日常生活中引导孩子注意他人的情绪反应，经常要求孩子观察别人的情绪状态。两岁的孩子对自己和他人所处的情绪状态不能明确地辨识，他们只能笼统地把自己的情绪分为“高兴”或“不高兴”两种。随着孩子年龄的增长，父母们可以采用各种方法逐渐要求孩子认识高兴、生气、喜欢、讨厌、伤心、害怕、好奇、内疚等多种情绪。

妈妈带甜甜去公园玩，正好遇到了邻居和她2岁的女儿。妈妈和

邻居在一旁拉家常，就让甜甜陪小妹妹一起玩，她们玩得很开心，后来小妹妹一不小心，滑倒在泥坑里大声地哭了起来，甜甜却在旁边一副若无其事的样子。妈妈很生气，质问甜甜：“你怎么没有照顾好小妹妹？看到她摔倒了也不把她扶起来，帮她掸掸土？”甜甜回答：“又不是我弄倒她的，是她自己摔倒的，又弄得这么脏，我才不管呢！”

移情能力是一种心理品质，对一个人形成良好的人际关系和道德品质、保持心理健康、出现良好的社会行为乃至走向成功都有着重要的作用。

孩子任性不体谅父母的辛苦，或把自己的快乐建立在别人的“痛苦”上，或对需要帮助的人视而不见……当父母们在埋怨孩子这些“不体贴”的行为时，可能忽略了孩子根本还不知道什么叫替他人着想，什么是感同身受。请不要再埋怨孩子的不懂事，及时行动帮助孩子发展移情能力，你很快就能发现，你的宝贝还是那么讨人喜欢。

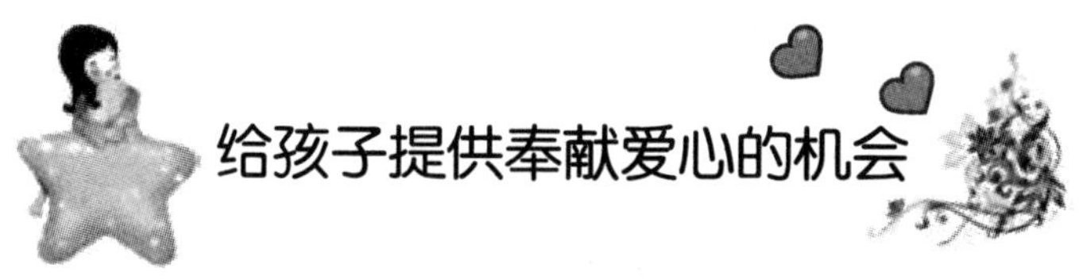

给孩子提供奉献爱心的机会

许多父母只知道一味地疼爱孩子，却忽略了给孩子提供奉献爱心的机会。其实，施爱与接受爱是相互的，如果让孩子只是接受爱，渐渐地，他们就丧失了施爱的能力，只知道索取，不知道给予，并且觉得父母关心他是理所当然的。有的父母以为给孩子多点关心和疼爱，等他长大了，他自然就会孝敬父母，疼爱父母。其实这是一种误解，你没有给孩子学习关爱的机会，他们怎么会关爱父母呢？还有的父母认为，孩子的任务就是学习，其他的都不重要，只有学习好了，孩子将来才会有一个好的前程，于是什么事都为孩子着想，让孩子衣来伸手，饭来张口……

学习固然重要，但是孩子的性格、习惯、品质、心理对孩子的成长、成才更重要，并且这些都需要在生活、学习中培养的，不会一蹴而就。持之以恒的培养，才会使爱的种子在孩子心里扎下根，化为自觉的行为习惯。

生活中，父母可以常常引导孩子主动帮助左邻右舍干些力所能及的事；在父母生日的时候，暗示孩子来表达对父母的爱。当孩子付出行动之后，要以微笑的表情、赞扬的语气及时地给予表扬，激起孩子产生一种关爱他人后的愉快的心理体验，并产生不断进取的强烈愿望，逐步形成把关爱他人当做乐趣的相对稳定的健康心理。

有很多父母都抱怨自己对孩子疼爱有加，而孩子却自私自利，不懂得关心父母、关爱他人。古人说："人之初，性本善"，其实并不是孩子生来就缺少爱心，而是由于父母对孩子的溺爱、不注意教育方式等，把孩子的爱心在不经意间给剥夺了。

现在的孩子从小生活在富裕的环境中，根本体会不到他人的贫困、不幸。在家里，孩子享受很多"特权"和"优惠"，大人总是不知不觉地让着孩子。在这种情况下，父母若能把孩子带到艰苦的农村，让他接受磨炼教育是一个不错的选择。对小学阶段的孩子来说，让他们养小动物是最能培养他们的爱心的。

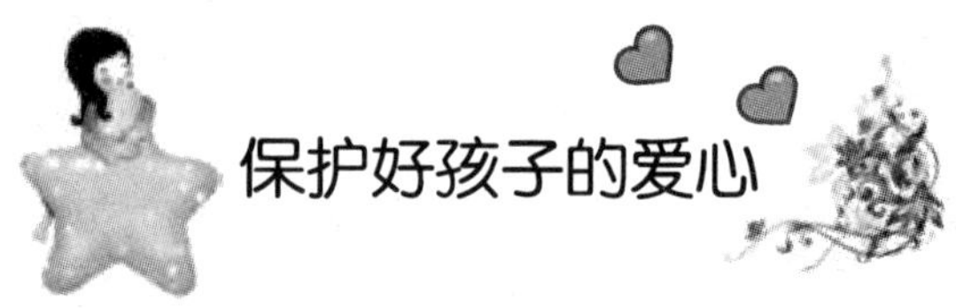

保护好孩子的爱心

生活中，很多时候父母由于工作忙或其他原因，对孩子表现出来的爱心视而不见或训斥一番，把孩子的爱心扼杀在萌芽之中。比如，有个小女孩为刚下班的妈妈倒了一杯茶，妈妈却着急地说："去去去，快去写作业，谁用你倒茶。"再如，有个小孩蹲在地上帮一只受伤的小鸡包扎伤口，小孩的妈妈生气地说："谁让你摸它了，小鸡多脏呀！"孩子的爱心就这样被父母剥夺了。事实上，在很多情况下父母并不知道自己的行为会在不经意间伤害或剥夺孩子的爱心。

"孩子的爱心是稚嫩的，你在乎它，它就会长大；你忽视它，它就会枯萎；你打击它，它就会死去。"如果你想拥有一个富有爱心的孩子，那就请你在生活中培养它、呵护它吧。

涓涓之水，汇成江海，爱的殿堂靠一沙一石来构建。自小给予孩子同情心和怜悯的情感，是在他身上培植善良之心、仁爱之情。

乐乐10岁了，有一天，他从房间里跑出来，手里抱着一只小狗狗急切地喊着："爸爸，爸爸，小狗狗生出来了，小狗狗生出来了！"

爸爸不屑一顾地说："别一惊一乍的，才什么时候，才几个月，小狗狗就生出来了？"

"不信，你看！小狗狗正伸头到处找吃的呢。"乐乐把纸盒伸到爸爸眼前。爸爸低头一看，果真，纸盒里躺着一只小狗狗，小脑袋蠕动着，眼睛都还没有睁开。

"爸爸，快点给小狗狗拿点牛奶过来，它饿了。"乐乐着急地拉着爸爸的手，和爸爸一起给小狗狗喂食了之后，乐乐又小心翼翼地把小狗狗放了回去。从此以后，每天他都会去照看小狗狗。

仁爱是人类最光辉灿烂的人性，最崇高最伟大的品德。教子做人，首先要赋予他一颗仁爱之心。“自私自利”“自我中心”是爱心的大敌，但它不是孩子与生俱来的，不是孩子的天性。它根源于父母的私爱和溺爱。为了不让孩子的爱心枯竭、泯灭，为人父母者不仅要爱孩子，更重要的是让孩子学会爱，并保护好孩子的爱心。

创造和睦的家庭环境

父母是孩子的第一任老师，家庭是孩子的第一所学校，因此，父母有责任为孩子创设一个有益于身心健康发展的和谐、幸福的家庭环境，使孩子在良好的环境熏陶下，学会做人。

孩子的良好思想道德形成与否，知识丰富与否，良好行为习惯养成与否，生理和心理素质健康与否，都与家庭环境密不可分。

在家庭中，父母对子女的教育不是通过大量说教进行，而是将教育渗透在日常生活中，渗透到父母的示范行为中。父母的思想风貌、理想信念、道德品质、生活方式、言谈举止以及相互之间的关系等都会潜移默化地对孩子的成长产生深刻的影响。家庭教育环境是孩子身心健康发展的根本保障，家庭教育环境的优劣程度，会直接影响着孩子的健康成长。

心理学研究表明：在孩子身心发展过程中，家庭环境和教育起着决定作用。家庭教育能否顺利进行，教育效果是否满意，孩子的身心能否得到充分发展，发展水平能有多高，朝什么方向发展，最后能不能成才

等，从一定意义上说，是由家庭教育环境决定的。也可以说，有什么样的家庭环境，就有什么样的家庭教育。

我国古代“孟母三迁”的故事证明了古人对家庭教育环境的重视程度，给了我们许多教育启示。古人亦云：“与善人居，如入芝兰之室，久而不闻其香也；与不善人居，如入鲍鱼之肆，久而不闻其臭也。”孩子生活在什么样的家庭环境中，就会接受什么样的教育和影响。在物质条件不断丰富、精神世界日益充实的今天，注重家庭教育环境建设，营造民主、和谐、健康、科学的家庭教育环境，有着十分重要的现实意义。

良好的家庭环境能够帮助孩子养成良好的品性。一个在宽松的家庭中长大的孩子，容易形成乐观、坚强、开朗的性格。孩子小的时候，接触的事物比较简单，想法也比较单纯，对家庭，对父母的依赖性很强，家庭教育显得尤为重要。父母的言行举止，想法与思维模式，都会成为孩子模仿的对象。这个时候，父母的教育对孩子性格的塑造，人生观和世界观的形成非常关键。

但是随着孩子年龄增长，接触的事物越来越多，他开始学会自己观察、思考，对一些问题开始有了自己的看法，跟父母说的话就会越来越少。父母和孩子之间的沟通减少，对孩子也就越来越不了解了。在孩子的成长过程中，他会碰到很多不明白的事情，会困惑、迷茫，父母如果不及时和孩子沟通或者沟通不畅，对孩子的成长也会造成一定的影响。

如果一个孩子能与自己的父母建立平等的亲密关系，他的行为言谈自然会渐渐变得高雅，性格也会变得乐观、开朗、豁达，以后在面临人生的种种挑战的时候，也会更加勇敢、自信。

助人为乐的精神，让你的孩子更有涵养

乐善好施，助人为乐，是中华民族的传统美德。现在的孩子，在家庭中处于中心地位，大小事情往往以他们为轴心。结果，父母们忙得不亦乐乎，孩子却缺乏关心他人的意识，只知“自我”，这对孩子性格的发展、健康心态的形成十分不利。

“助人为乐”这四个字，蕴含着人世间最真最美的意义。“助人”为什么会快乐呢？因为可以从帮助别人的过程中发现自己的生存价值。由于你的帮助和付出，使别人的困难得到解决，把别人的不方便变成了方便。这是一种成功的体验，你一定觉得自己“还有点用呢”！正像大文学家歌德所说的那样：“你若要喜爱你的价值，你就得给人创造价值。”

一个满怀着爱心的人，能随时发现别人的困难，并能把帮助别人解决困难当做自己的责任。能够在生活中遇到这样的人，是一种幸福。

林浩所在的班级，共有32名学生，在地震中有十多人逃生。这其中，就包括林浩背出来的两个同学。地震发生的那一刻，班上正在上数学课。林浩刚跑到教学楼的走廊上，就被楼上跌下来的两名同学砸倒在地。那个同学压在他背上，他怎么都动不了。当时，垮下来的楼板下，有一个女同学在哭，林浩告诉她：“不要哭，我们一起唱歌吧。”大家就开始唱老师教的《大中国》。唱完后，女同学就不哭了。后来，林浩使劲爬，使劲爬，终于爬出来了。

逃出来的林浩并没有跑开，而是去救还压在里面的同学。他看到一个男同学压在下面，就爬过去使劲扯，把他扯了出来，然后交给校长，校长又把这名同学交给他妈妈背走了。接着，林浩又冲回去，把

一个昏倒在走廊上的女同学背出来。

连续救了两个同学的林浩再次跑进教学楼救人时，遇到垮塌的楼板，他又被埋在了下面，于是他使劲挣扎，后来，是老师把他拉出来的。事后被问到为什么去救人时，林浩平静地说："因为我是班长！如果其他同学都没有了，要我这个班长有什么用呢？"

"你有困难吗？我来帮助你！"虽然是简简单单的一句话，却表现出了你对别人的一份关心和一份爱。

孩子只有学会帮助他人，才会拥有更多的朋友，在困难的时候才会得到别人的帮助，使自己取得更多的成功。很多孩子在家里都是被长辈照看着、宠爱着，很少能够想到关心别人、照顾别人，只有当自己需要别人帮忙的时候才会想到别人，这种方式对孩子的成长起不到什么好的作用，只会让孩子离人群越来越远，将来孩子进入社会也很难和别人融洽相处，更别提跟别人合作了。

所以，父母要重视对孩子助人为乐精神的培养，同时也要让孩子懂得乐于助人是一种高尚的品质。孩子小的时候，也许理解不了助人为乐的社会意义，但是每个孩子都有极强的同情心，孩子的同情心就是懂得助人为乐的潜意识，所以，父母要抓住孩子小时候的同情心，从小就对孩子进行乐于助人意识的培养，让孩子在成长过程中把助人为乐当成一种习惯，让这种习惯伴随孩子健康地成长。

父母一定要培养孩子乐于助人的好品质，因为这不只是帮助别人，同时也是在帮助孩子提高自己。

第八章

善良的心灵叩启孩子的纯洁天性

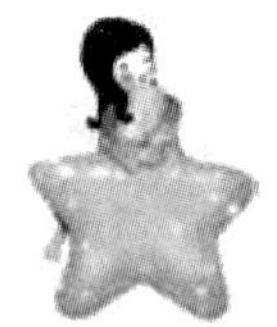

用善良叩启孩子纯洁的天性

每个人都希望别人善待自己，每个人也都需要别人对自己施以善举。只有善良的人，在人际交往中才如鱼得水、如沐春风。只有善良的人，才会收获更多别人给予善良的回馈。只有善良的人，才能有更多的成功机会，因为善良是每个人都需要的品质。

一个雨天，一位衣着十分普通的老妇人走进一家百货公司，多数柜台人员都不予理会，只有一位年轻的销售人员上前询问是否能为她做些什么。老妇人回答说只是在等雨停。没想到这位销售人员并没有转身离去，而是拿给她一把椅子。雨停之后，这位老妇人向这位年轻人说了声“谢谢”，并向他要了一张名片。

几个月之后，这家店主收到一封信，信中要求派这位年轻人前往苏格兰收取装潢一整座城堡的订单！这封信就是那位老妇人写的，而她正是美国钢铁大王卡耐基的母亲。

付出与所得是成正比的。如果我们将关爱他人作为一种习惯，那么我们将会收获更多的关爱。作为父母，要从小培养孩子善良的品性。

善良是一种宝贵的品质，虽然别人看不到，自己却能深切感受到，因为善良的人内心时刻都是温暖的；善良的心虽然别人看不到，但能反映在一个人的言谈举止上，别人看到了你的善良，也会反馈给你回报。一个人要想身心都健康，首先要做到善良。

善良的种子需要在孩子很小的时候就种上，它才会更容易生根发芽，与孩子一起茁壮成长。孩子的行为与思想最初受家庭的影响，因此，父母面对孩子不友善的举止时，首先不要责怪孩子，而是要从自身找出原因。在友爱、互助的家庭里，孩子通过耳闻目睹父母友善的语言、行为时，父母就不知不觉地给孩子种下善良的种子。

孩子就好像是一张洁白的纸，就看父母如何用自己最烂灿的人生之笔去教孩子在纸上画出美丽鲜艳的图案。善良是孩子对集体的热心，对他人的关心和长辈的尊敬。

有一次，一群六年级男生在厕所踢打一个有着明显智力障碍的五年级学生明明。明明本来就长得十分矮小，加上弱智，因此毫无抵抗能力。被踢翻在地上的明明瑟瑟地缩在墙角里，抱头哭泣。他的白衬衫上满是污秽的鞋印，身上青一块、紫一块，围观的同学很多。老师震怒了。班主任立即叫来自己班上的参与者，狠狠地进行了批评和教育。

在孩子中，这种恃强欺弱的现象非常普遍，只是这一次他们把这种行为演到了更加激烈的地步。这对一个毫无能力抵抗的残弱孩子实在是一种残暴的行径，是缺乏同情心、泯灭善良的表现。而学生们则普遍认为这只不过是一种无聊的行为。这说明有些父母在千方百计使孩子变得强壮的同时，忘记了在孩子心中撒播善良的种子。

一个健康的孩子就好比一棵树，必须以善良为根，正直为干，丰富的情感为蓬勃的枝丫，这样才能结出美丽善良的果子。

善良的人终身安全，善良的心不断暖和，善良的举止会使他人终身感念。父母们要想培育出一个身心健康的孩子，就要培养孩子的善良品性，这是所有做父母的应负的责任与应尽的义务。

从小事中培养孩子的善良品性

小涛今年8岁了，有一天他和妈妈聊天的时候，提出了这样的问题："妈妈，为什么上车就要让座？"

妈妈笑着摸了摸小涛的头说："因为尊老爱幼是我们的传统美德呀。"

"那我也想坐座位，为什么老让我让给别人呀？可不可以不让座呀？"

妈妈问他："如果那老人是爷爷，你让不让呢？"

小涛说："那我肯定会让了。"

"为什么呢？"

"因为爷爷年纪大了，腿脚不方便了。"

"对呀，那你把别的老人当做爷爷奶奶，不就行了吗？"

妈妈又说："如果一个抱小孩的妈妈站在你旁边，一手抱小孩，一手扶栏杆，是不是很不方便呀？而且，要是紧急刹车，那不是很危险吗？如果让这位妈妈坐在椅子上抱着小孩，那小孩是不是安全一些？"

小涛说："我背书包站着比她方便多了，再说也站不了几站路，她比我更需要这座位。"

"那你会给这样的妈妈让座吗？"

“当然会。”小涛肯定地回答。

人们发现，饲养过小动物的孩子，心地都比较善良。而感情冷漠的孩子，在与别人发生矛盾冲突时表现得冲动易怒，经常出口伤人，行为比较残忍，并且会欺负弱小的同伴。

火车上，有一位老人的一只鞋子掉到了铁轨旁，此时火车已经开动了，鞋子无法再捡回来。于是，这位老人把另一只鞋子也脱下来扔到第一只的旁边。一位乘客不解地问老人为什么这样做。老人笑着说：“这样一来，看到铁轨旁的鞋子的穷人就能得到一双鞋子。”

听了这个故事，你是否为这位老人的举手之劳而感动呢？你是否已经看到穷人拾到那双鞋后的惊喜？老人一个扔的动作，会让一个需要一双鞋的人的双脚得到温暖，同时心灵更沐浴到一缕阳光，这阳光便是人造的。其实，给人阳光，只是举手之劳。

刘备给他的孩子有一句很重要的勉励，“勿以善小而不为，勿以恶小而为之” 。很多的大善都是从小善做起，很多的大恶也是从小恶积累上来。我们也要教育孩子“勿以恶小而为之”，“事虽小，勿擅为”。

让孩子为父母端一杯热气腾腾的水，给父母轻轻捶几下酸痛的背；为满颊汗水的父母递过一条毛巾，这样的一缕人造阳光对你来说是举手之劳吧。举手之劳，何乐而不为？赠人玫瑰，手有余香，教会孩子将举手之劳的善行善意传达给别人之时，你就教会了孩子人生的智慧，开启了孩子人生快乐的源头。

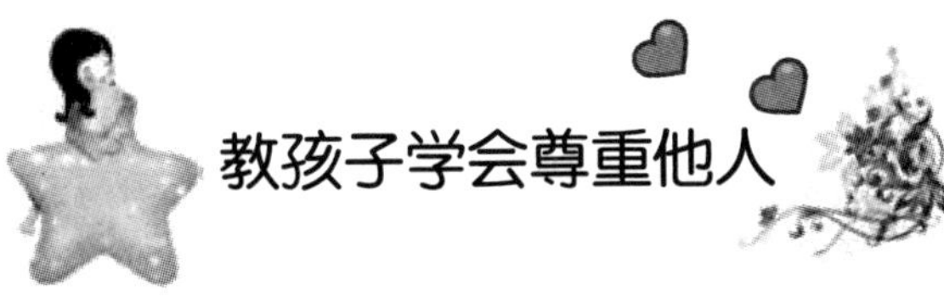

教孩子学会尊重他人

尊重他人也是一种人生美德。“尊重他人就等于尊重自己”，只有懂得尊重别人的人，才会获得他人的尊重。

有一天，苏东坡要求佛印教他坐禅。佛印答应了，于是两人就面对面静静地坐着。

过了一会儿，东坡开口了，他问佛印：“你看我这样坐着，像什么？”

佛印看到东坡正襟而坐，规规矩矩，很是庄严，于是就赞叹他说：“你像一尊佛！”

东坡听了这句赞叹的话，高兴极了。

就在他感到飘飘然的时候，佛印问他：“你看我像什么？”

东坡看到佛印穿着大袍，人长得又胖，就连讽带讥地答道：“你像一堆牛粪。”

佛印听了默然不语。东坡却扬扬得意，还回家向他妹妹苏小妹炫耀。

苏东坡得意地告诉小妹：“我每次跟佛印师父辩论或是开玩笑，总是输给他，今天总算胜利了。”苏小妹是一位绝顶聪明的才女，她听了之后，笑着对东坡说：“哥哥，你又输了。”

东坡不明白，苏小妹说：“心中有佛则看众生皆佛，心中有屎则看众生皆屎。佛印师父心中澄净，想的是佛，所以他看你也是一尊佛。哥哥你心里肮脏，想的是牛粪，所以你看师父像一堆牛粪。显然，师父嘴里走出的是一尊佛，而哥哥你的嘴里拉出的却是一堆屎。你的嘴巴很臭，难道还不是你输了吗？”

东坡经小妹这么一点拨，顿时感到惭愧不已。

尊重是一种修养，一个人在对待他人时，无论对方是谁，都给予尊重，那么他无疑是有修养的。让孩子学会尊重他人，是今后真正得以成才的关键。

尊重是一种心态，如果孩子习惯于外在条件的比较，那么在碰到比自己条件好的人时，就会产生自卑、羡慕、嫉妒等心理；碰到条件比自己差的人时，又会产生高人一等、妄自尊大、目空一切、傲慢的心理。无论是哪种心理都不利于孩子的健康成长。而抱着众人平等、尊重他人心态的孩子，则能做到宠辱不惊、保持情绪的稳定和心态平和。所以，父母要教孩子学会尊重他人。

学会尊重别人，在社会上才能更好地处理人与人之间的关系，当你用诚挚的心灵使对方在情感上感到温暖、愉悦，在精神上得到充实和满足，你就会体验到一种美好，并获得一种和谐的人际关系，你就会拥有更多的朋友，获得最终的成功。而如果你不懂得尊重别人，那么必定也没有人会尊重你。那你失去的将不只是朋友，甚至还有工作和家庭。

第九章

培养有孝心的孩子

孝心是开启孩子心灵的善之源

曾国藩先生曾说过，一个家族要能传三四代，一定要勤俭；要超过五六代，一定要谨慎俭朴；要超过八代、十代，那一定要孝悌传家。

尊老爱幼是我们中华民族的传统美德，有的父母只会抱怨自己的孩子不懂得尊老爱幼，而没有从自身去找原因。其实只要父母细心引导，孩子就会满怀孝心；如果孩子在这方面做得不好，那就是做父母的引导不到位。

萱萱今年10岁了，爸爸妈妈对她宠爱有加。萱萱虽然很喜欢自己的爸爸妈妈，却不知道去心疼他们。每天晚上，爸爸妈妈拖着疲惫的身体回到家里，萱萱还硬要父母陪她玩“骑大马”，边玩还边催促着做晚饭。

萱萱的爸妈经常为此而感到伤神。他们也明显地意识到，自己对孩子的宠爱让萱萱丧失了孝敬父母的意识。

于是，萱萱的爸妈决定：从生活小事做起，培养萱萱的这种意识。

有一次，萱萱来了兴趣，要尝试自己洗碗筷。若放在以前，妈妈是不会答应的，可是，这一次妈妈痛快地答应了萱萱。第一次洗碗

筷，萱萱感到十分费劲，力气大了，怕碗碟破碎；力气小了，又怕洗不干净。

这时萱萱问妈妈：“妈妈，你平时刷锅洗碗也这么累吗？”妈妈说：“虽然我力气要比你大些，不过每次洗那么多的碗筷，也是很累的。”萱萱听完后，想了想说：“妈妈，我现在长大了，以后我来洗家里的碗筷吧。”

妈妈听了萱萱的话，心里不知有多高兴，并立即夸奖萱萱说：“女儿懂事了，知道心疼妈妈了。”听了妈妈的夸奖，萱萱高兴地笑了。

从此以后，萱萱变得懂事多了，知道主动帮爸爸妈妈承担一些家务。对于自己的爸爸妈妈，萱萱也懂得关心与体贴了。

我们培养孩子孝敬父母，就是希望孩子能做到听从父母教导、关心父母健康、分担父母忧虑、参与家务劳动，不给父母添乱，而要把这些要求变为孩子在日常生活中的一种习惯性行为。我们应当从日常小事抓起，从幼年时期开始培养孩子。比如饭后要求孩子主动收拾碗筷，自己的小衣服可以自己洗涤，自己的房间自己收拾等。孩子力所能及的事情，父母不要包办，而应该给孩子发挥的机会。孩子经常锻炼，自然会形成良好的习惯。

在日常生活中，我们经常可以看到：有的孩子，看见老人过马路会主动过去搀扶；看见老人乘坐公交车，会主动让出自己的座位。而有一些调皮捣蛋的孩子却做得不尽如人意：看见老人过马路，非但不去帮助，还会横冲直撞地走到老人前面去；看见公交上的老人，不是视而不见就是去抢老人的座位。这是在熟悉环境中发生的截然不同的两种情况。

百善孝为先，孝是一切道德的根源，是一个人为人处世的根本。但是，孝敬长辈的品质不是天生的，还需要父母传递，用实际行动做出示范。

孝敬长辈是我们中华民族的美德，如果家庭中晚辈懂得孝敬长辈，可以促使家庭和睦、温馨、幸福。家庭中长幼有序，互相关心，互相宽容，将会呈现出其乐融融的气氛，这对孩子的身心健康发展是非常有利的。

用亲情故事启发孩子孝敬父母的意识

有无孝敬父母的意识，不单单是子女对父母的关系，其实质是一个能否关心他人的大问题。在家里能养成孝敬父母的好习惯，到社会中，才有可能做到关心同事，也才有可能做到对祖国的忠诚。因此，我们千万不能忽视培养孩子尊敬长者、孝敬父母的好习惯。

父母们一定要定期抽出点时间和孩子谈心聊天，要把自己的难处和家里的难处有选择地告诉孩子。通过谈话，可以让孩子体验亲情，启发孩子孝敬父母的意识。

有这样一个故事：女儿和妈妈吵架了，一气之下，女儿转身向外跑去。她走了很长一段路程，看到前面有个面摊，这才感觉到肚子饿了。可是她摸遍身上的口袋，却连一个硬币也没有。

面摊的主人是一个很和蔼的老婆婆，老婆婆看到她站在那里，就问：“孩子，你是不是要吃面？”

“可是，可是我忘了带钱。”

“没关系，我请你吃。”

老婆婆端来一碗馄饨和一碟小菜。女孩满怀感激，刚吃了几口，眼泪就掉下来了。

“你怎么了？”老婆婆关切地问。

“我很感激您。我们不认识，而您对我这么好，可我妈妈，竟然常跟我吵架，还骂我。”

老婆婆听了，平静地说：“孩子，你想想，我只不过煮了一碗馄饨给你吃，你就这么感激我，那你妈妈给你煮了十多年的饭吃，还给你衣服，你怎么就不感激她呢？你怎么还跟她吵架呢？”

女孩愣了！她匆匆吃完馄饨，开始往家走去。当走到家门附近时，她一眼就看见疲惫不堪的妈妈正在路口张望……妈妈看到她，脸上立即露出了笑容：“快回来吃饭吧，再不回来饭都凉了。”这时，女孩的眼泪又掉了下来。

孩子孝敬父母的意识是从一个又一个亲情故事中听会的，孩子孝敬父母的行为是从自己的亲人的一个又一个孝行中看会的，孩子的孝心是从日常小事中培养起来的。

公元前206年，刘邦建立了西汉政权。刘邦的三儿子刘恒，即后来的汉文帝，是一个有名的大孝子。刘恒对他的母亲很孝顺，从来也不怠慢。

有一次，他的母亲患了重病，这可急坏了刘恒。他母亲一病就是三年，卧床不起。刘恒亲自为母亲煎汤药，并且日夜守护在母亲的床前。每次看到母亲睡了，才趴在母亲床边睡一会儿。刘恒天天为母亲煎药，每次煎完，自己总先尝一尝，看看汤药苦不苦、烫不烫，自己觉得差不多了，才给母亲喝。

刘恒孝顺母亲的事，在朝野广为流传。人们都称赞他是一个仁

孝之子。有诗颂曰：“仁孝闻天下，巍巍冠百王。母后三载病，汤药必先尝。”

这就是古代《二十四孝》中最著名的“亲尝汤药”的故事。可是，对于现在的一些独生子女，我们再也找不出如此的范例了。不好的例子倒是举不胜举，比如吃饭时，孩子爱吃的，全家人都不准吃，只能由“小皇帝”自己品尝，独占独享。

古人说：“老吾老，以及人之老；幼吾幼，以及人之幼。”尊重长者，孝敬父母是中华民族的传统美德。但是，这种美德在一些独生子女的身上很少表现，常常可以看到这样的家庭生活镜头：吃过饭后孩子扭头看电视或出去玩耍了，父母却在那里忙碌着收拾碗筷；家里有好吃的东西，父母总是先让孩子品尝，孩子却很少请父母先吃；孩子一旦生病，父母便忙前忙后，百般关照，而父母身体不适，孩子却很少问候。凡此种种，都值得我们优虑。

中国有句古语：“百善孝为先。”意思是说，孝敬父母在各种美德中占第一位的。一个人如果都不知道孝敬父母，很难想象他会热爱祖国和人民。

从日常小事上培养孩子的孝心

生活中的事情都是琐碎、繁杂的，但正是因为这些小事，才更容易培养孩子的习惯和优良品质。父母既然有意培养孩子，就不该错过生活中一些微小的细节。只有长期培养并反复训练，日积月累，孩子的好习惯、好品质才会逐渐养成。

教育子女孝敬父母的一般要求是：听从父母教导，关心父母健康，分担父母忧愁，参与家务劳动，不给父母添乱。要把这些要求变为孩子的实际行动，就应当从日常小事抓起。

孩子应承担必须完成的家务劳动。根据孩子的年龄、能力、学习情况，合理分配，具体指导，耐心训练，热情鼓励。这样不但有利于孩子养成家务劳动的习惯，也有利于孩子不断增强孝敬父母的观念："父母养育了我，我应为他们多做事。"

如外出时和父母道别，回家和父母打招呼；用餐时先让父母入座，替父母盛好饭菜；和父母说话应恭恭敬敬，不能出言不逊。当父母不能满足孩子提出的要求时，告诉孩子不能发脾气，要体谅、理解父母的难处。孩子如果发脾气或死磨硬缠，父母要始终坚持原则。父母千万不要起初不答应孩子要求，孩子发脾气了，就让步了。这种做法就等于鼓励了孩子不断提出一些不合理要求。

《新三字经》里的"能温席，小黄香，爱父母，意深长"，指的是汉朝时期因孝敬父母而闻名的孩子黄香。黄香9岁丧母后，非常孝敬父亲。每当夏夜临睡前，小黄香就坐在父亲的床前把蚊子驱走，把蚊帐挂好，再用扇子把席子扇凉；而每当冬夜，他就先睡进父亲的被窝，用自己的体温焐热被子，再请父亲睡下。不仅如此，小黄香在学业上也十分出色，当时就有"天下无双，江夏黄香"之说。显然，小黄香表达孝心都体现在了具体的行动上。

要把孝心变为孩子的实际行动，就应当从日常小事抓起。比如，饭后要求孩子主动收拾碗筷，自己的小衣服自己洗，自己的房间自己收拾等。孩子力所能及的事情，父母不要包办，而应该给孩子施展的机会。

当然，一切不能操之过急，培养孩子的好习惯不是一朝一夕的事情。父母要根据孩子的年龄及个性特点来具体引导、耐心培养、热情鼓励。这样，既培养了孩子爱做家务的好习惯，也培养了孩子孝敬父母的意识，一举两得。

让孩子体会到父母的艰辛

做父母的应有意识地让孩子体会父母的辛苦，体会父母挣钱养家的不容易，体会父母对孩子的爱，体会父母也同样需要孩子的爱和关心。父母不妨经常给孩子讲讲自己一天的情况：起床、做饭、洗衣服、整理家务、上班等，让孩子体会到父母是如何关心孩子的。知恩就要感恩，感恩就要报恩。要让孩子从小养成关心父母、体贴长辈的好习惯，如为妈妈梳梳头，给爸爸捶捶背等。孩子只有在亲身实践和体验中才能体会到父母的辛苦，尝到为别人付出的快乐。当孩子“父母养育了我，我应当为他们多做事”的观念逐渐形成时，孩子就有了一份生命的义务感和责任感。

现在不少孩子不知道父母的钱是怎样得来的，只知道向父母要钱买这买那，认为父母给孩子吃好、穿好、用好是天经地义的。这样的孩子怎么会从心底里孝敬父母呢?

有时候，父母不妨把自己的日常工作向孩子说一下或带孩子去上一两次班，让他知道父母上班走什么路线，每天都做些什么事情，父母的工作中有哪些困难；还可以告诉孩子下一个月、下一年家里都需要买什么东西，需要花多少钱。

为了让女儿佳佳了解挣钱的辛苦，妈妈每月给佳佳定了5个劳动日。在劳动日里，妈妈不给佳佳零花钱，而让佳佳自己来挣。干家务，

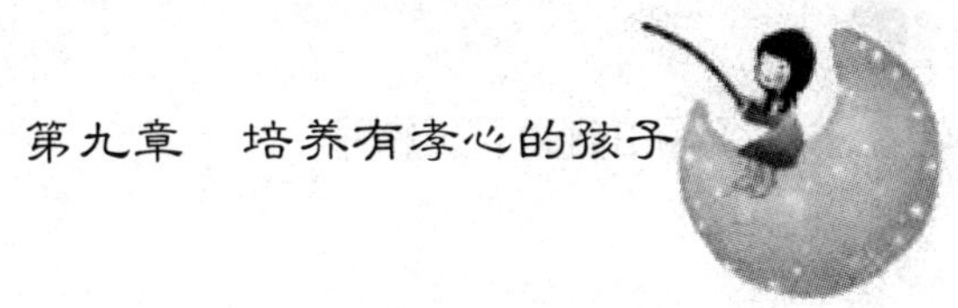

妈妈支付佳佳相应的报酬。

这天又是劳动日，佳佳想要一个玩具熊，为了挣够所需的钱，佳佳一直干活到下午。等佳佳把玩具熊抱到怀里的时候，佳佳不由得叹气道："妈妈每天都这样辛苦工作，真是不容易啊！"

父母应当有意识地经常把自己在外工作和收入的情况告诉孩子，让孩子明白父母的钱得来不易，孩子自然就会逐渐珍惜自己的生活，也会从心底产生对父母的感激和敬重。父母要让孩子看到、体验到父母的难处，而不是只让他听父母说"我很辛苦"。

生活中，很多时候很多爸爸妈妈觉得孩子太小，与他们沟通工作上面的事情完全是天方夜谭。因此，孩子想要什么就给钱去买什么，不想掏钱的时候，就训斥孩子，这样的举动并无益于维持父母形象，也让无辜的孩子成了"牺牲品"。

为了让孩子更合理地消费，让他们知道养育的辛苦与不易，父母应该适时提起自己工作上的事情，让孩子知道赚钱辛苦，不能一看见喜欢的就向爸爸妈妈要钱去买，不买就闹。这样，既恢复了孩子的知情权，也能让孩子珍惜自己现有的生活，从心里产生对父母的尊敬和感激。日后，当孩子再次看见喜欢的东西想要购买时，就会想起爸爸妈妈赚钱不易，会思考完毕后再决定是否购买。

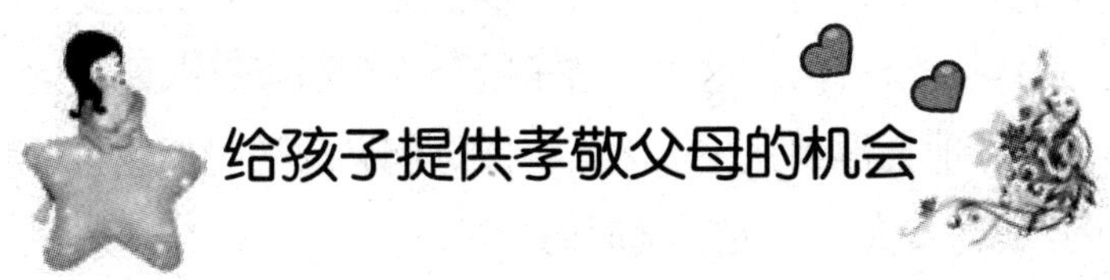

给孩子提供孝敬父母的机会

在现在的不少家庭中，爱只是父母对子女的单向倾斜，而不能实现爱的双向交流，那么这种爱就是畸形的爱。孩子只有把父母给他的爱转化为他对父母的爱，这种爱的种子才算在孩子的心中生根发芽，开花结果，这种人间大爱正是这样得以传承的。当年幼的孩子学会了关爱父母之后，才有可能在他长大以后去尊老爱幼，去爱天下苍生。

一个星期六的下午，张先生骑自行车带孩子去公园。看完各种动物表演，孩子张勇十分兴奋。回家的路上行人稀少，他对爸爸说："爸爸，让我带你一段怎么样？"张先生说："你没有带过人，能行吗？"张勇说："让我试试吧。"爸爸也就同意了。

于是，爸爸坐在车架上，张勇双手紧握车把，用力蹬动脚踏，车轮滚滚向前。可孩子毕竟还小，骑了七八百米之后，就有些体力不支了，额头上也渗出了汗珠。最后，他喘着气停了下来，好奇地问爸爸："爸爸，你每天骑车带我上学也这么费力吗？"爸爸说："我虽然力气大些，不过每送你一次，我也挺累的，尤其是前边那个上坡更费力气。"

到了星期一，张先生照常骑着自行车送儿子上学。骑到上坡时，坐在后边的儿子忽然跳了下来，用手推着车。爸爸感到非常欣慰。

父母关爱孩子，孩子孝敬父母，这种亲情关系是互动的，不是单方面的。孩子随时表现出来的对父母的爱，哪怕是让自己尝尝他的零食，玩玩他的玩具，这时父母千万不要拒绝，而要乐意接受，并对孩子的这一表现给予表扬。这样，孩子就会受到激励，久而久之，孩子的孝心很自然地会得到强化。因此，父母们必须随时抓住孩子表现出来的"闪光点"，给予肯定和适时的表扬。

陈康今年9岁了，可父母一直对他特别溺爱。一岁半的时候，妈妈给他喂饭，他有时推着妈妈手中的碗让妈妈吃，妈妈总是说："妈妈疼宝宝，妈妈不吃。"到了三四岁的时候仍然给他专门另做饭，按说这个时候他应该懂得有好吃的愿意与自己的父母一起分享，但是每当父母试着与他分享，期待着他的孝心再现的时候，他总是拒绝父母，也很不喜欢给其他的小朋友吃，表现得非常自私。

陈康之所以会这样，究其原因，主要是在他幼年时期心中刚刚萌芽的孝心意识得不到尊重，受到拒绝，他对父母表现出的这一重要情感也逐渐淡薄逝去。

"人之初，性本善。"孩子天生是纯真无邪的。由于做父母的没有及时地抓住孩子的这种"潜意识"，使之有效持久地得以发挥，今后再进行这种情感培养是相当困难的。

孩子表达孝心需要实践，如果一直没有恰当的机会，纵有满腔孝心也无从表现，久而久之，那颗孝心便会被掩藏乃至泯灭。父母不要因为担心孩子"疲劳"、担心孩子"做不好"、担心孩子"学习分心"，而不给他们表达的机会。

曾有一位母亲卧病在床，9岁的女儿主动要求为母亲熬药、做饭，但这位母亲犹豫再三，最后不但硬撑着下床亲手熬药，还自己动手做饭端给女儿吃。看到母亲的行为，孩子的心中产生了这样的想法："母亲即使生病了，也用不着我的帮助！我没有必要太关心母亲！"从此以后，这个孩子在日常生活中对父母的劳累和难处，就变得不闻不问。

其实，增强孩子对家庭的责任感，让他们有更多的参与家庭事务的机会，才有可能培养出孩子的孝心，才能使孝心在孩子身上扎根。

在耳鬓厮磨中建立亲情

自古以来，我国就形成“羊跪乳、鸦反哺”、“滴水之恩，当涌泉相报”的浓厚感恩文化，可是在社会日益发展的今天，感恩孝顺之心却在逐渐远离孩子。现在的孩子大多属于独生子女，集万千宠爱于一身，可父母毫无原则地溺爱，却让孩子对父母给予的一切都习以为常，一切以自我为中心，不知道应该感恩、尊敬和孝顺父母。

孩子孝敬父母的品德是教育出来的。孝，不是天性；不孝，也不是天性。没有哪一个孩子生来就是孝子，也没有哪一个孩子生来就是不孝之子。

有时候，父母的示弱不失为一种好方法，让孩子知道父母也是人，也需要他人关爱。当父母生病或身体不舒服时，孩子要端水送药或陪同就医；双休日要让孩子自己去菜市场买爸爸妈妈喜欢吃的菜，当一日小主人；让儿子在帮妈妈抬重物、干重活的过程中，找到一个小男子汉的感觉；让女儿在给劳累一天的妈妈捶捶背、揉揉肩、洗洗脚、刷刷碗的过程中承担起家庭的责任……在为孩子创造机会培养孝心的同时也浓厚了亲情。真心爱孩子，就要让孩子懂得感受爱、体味爱、实践爱。

在孩子时间允许的情况下，父母们要要求孩子帮妈妈刷刷筷子、洗洗碗，给爸爸捶捶后背揉揉肩。亲情培养，很多时候就是一些容易被我们忽略的细节。亲情，是在一天到晚的耳鬓厮磨中建立起来的。因此，父母要多和孩子相处。

有的父母忙于工作，几乎没有时间照顾孩子，当孩子要求讲个故事时，就不耐烦地挥一挥手说：“走开，你没看见我忙着呢，自己看电视去吧。”把孩子挡了回去，或者随便扔给孩子一堆玩具，让孩子独自玩去。也有的父母不是忙于工作，而是忙于搓麻将，将孩子及其他一切都抛在脑后了，几乎不跟孩子娱乐和游戏。

当孩子遭到父母的拒绝时，是非常失望的，有的甚至通过砸玩具来发泄心中的愤怒。心理学家认为，如果父母讨厌孩子，不重视孩子，不宽容孩子，不愿意与孩子接触，孩子会表现出非常冷漠且带有攻击性的不良行为。

孩子从出生，能够天天跟妈妈待在一起的机会也只不过四个多月的哺乳期时间，然后大部分人只能下班回家，周末陪陪孩子。一般来说，孩子三岁就开始了幼儿园生活，然后小学、中学、大学，跟父母一起的时间只不过是晚上，周末，寒暑假。再后来开始工作，一个城市见面的机会还能多些；如果远离父母，恐怕见面的机会也就只有大的假期，离家远了，或许只有春节，更或许几年才回家一次。

现在的孩子和父母的关系非常特殊：有的是敬而远之，有的是漠不关心，还有的是大呼小叫。造成这一现象的原因是孩子缺乏与父母的沟通交流，感情上存在明显的陌生感。

父母应该多点时间陪孩子，和孩子多接触、聊天、散步，从而缩短两代人的心理距离，感情有了，尊敬之情就会在孩子幼小的心灵里发芽、生长。当然，父母也应该在孩子的耳边叮嘱他：要尊敬老人、听从父母教导，努力做个好孩子。

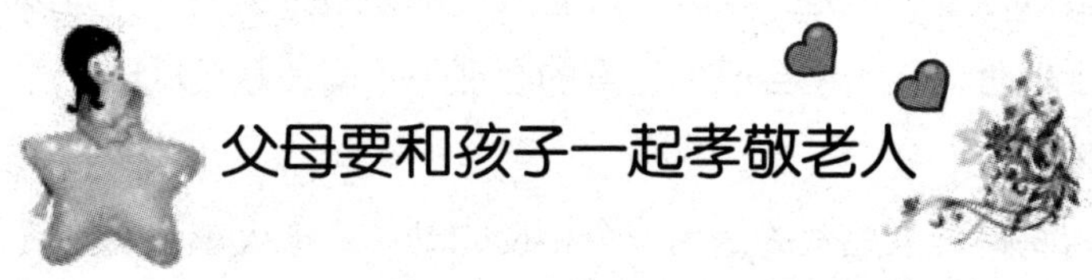

父母要和孩子一起孝敬老人

父母的一言一行对孩子都起着潜移默化的作用，对孩子的影响甚至可能是终身的。培养孩子的孝心，父母要从自身做起，为下一代起表率作用。

有的孩子与父母、与爷爷奶奶一块生活，在这样的家庭环境中，孝心的培养是很奏效的。做父母的，不仅要敬重自己的父母，还要以自身行动表明孝心，如为老人洗衣服，如果老人上了年纪、不能自理的，还应该帮助老人洗脚，搀扶着他们行走或者上楼梯，或者吃饭时为年迈的父母亲盛上一碗热乎乎的粥等。这种影响对于身心正在发展的孩子起着较大的导向作用。

仅此还不够，孩子到了五六岁时，还要教导他们做些力所能及的家务活儿，并给予适当的表扬和鼓励，帮助他们树立正确的人生观、价值观。如父母工作劳累之余，替他们向爷爷奶奶尽些孝心，帮父母扫除扔掉的菜叶，饭前分碗筷，饭后刷洗餐具等一些简单的家庭劳动。

这样不仅可以培养孩子热爱劳动的品质，锻炼他们动手的能力，更重要的是思想上产生重大转变：能够在父母工作辛苦回家后，主动积极地帮大人做点事，体现孩子在情感上发展较为成熟的一面。孩子学会体贴、理解和帮助，这是做父母的都期望的，是孩子素质教育的一个重要方面，不可掉以轻心。

孩子和爷爷奶奶、父母一起吃饭，妈妈一上桌就把一个大鸡腿夹到孩子的碗里，爷爷奶奶也不示弱，把另两盘非常可口的菜也推到孙子的面前：“来，这些最好吃，全给你吃。”所有家人都抢着为孩子服务。孩子就会认为家中他是“老大”，家人全都要服务于他。一旦以后长辈不服务于他时，孩子便会感到严重的心理不平衡，甚至做出一些大逆不道的事来。

假若妈妈一上桌做的是另一个相反的动作：把大鸡腿夹到爷爷或奶奶的碗里，那么孩子看了自然就会效仿父母！所以，教育孩子要慎于开始，从小一定要教对的。所谓“教儿教女，先教己”，父母一定要从自身开始做起，做孩子的好榜样。

孩子对待父母的态度，直接受父母对待长辈态度的影响。有这样一个故事：

从前有一对中年夫妇对年迈的父母很不孝顺，他们把老人撵到一间破旧的小屋里居住，每顿饭用小木碗送一些不好吃的东西给老人。

一天，他们看到自己的儿子在雕刻一块木头，就问孩子刻的是什么。孩子说："刻木碗，等你们年纪大时好用。"这时，这对中年夫妇翻然醒悟，把自己的父母请回正屋同自己一起居住，并扔掉了那只小木碗，拿出家里最好吃的东西给老人吃。

小孩也因此转变了对他们的态度，从此一家三代和睦生活。

可见，父母的榜样，对孩子的影响有多大。

生活中，很多父母一直因为孩子对自己的恶劣态度而感到困扰不安，那么，父母对待自己的长辈是否就有良好的态度呢？孩子的好习惯是父母培养出来的，那么，孩子的坏习惯是跟谁学的呢？答案也是父母自己。

孩子的模仿力与观察力都很强，父母对待自己的长辈是什么态度，孩子对父母就会是什么态度。

现在有些父母冷落自己父母的情况还是存在的，他们不仅不照顾自己的父母，反而千方百计"搜刮"老人们的财物，这给自己孩子的影响更不好了。因此，父母不仅要管好自己的小家庭，还要时刻不忘照顾年迈的父母亲，绝不能添了儿子就忘了老子。如果说平时因居住地较远、工作较忙不能和老人朝夕相处，那么在休假日要尽量抽时间带孩子去看望老人，帮老人做些家务，同老人共聚同乐，尽一份子女应尽的责任和义务。如此日长时久，孩子耳濡目染，潜移默化，也会逐步养成尊敬长辈、孝敬父母的好习惯。

若想让孩子从小接受良好的美德教育，做父母的，首先要以身作则，做好表率，让孩子来效仿，这样可以相得益彰，互相促进。相信，只要做生活的有心人，孩子自然会对“孝敬长辈”这四个字拥有自己的理解，也会用自己认为合适的方式来孝敬长辈。

第十章

诚实的心灵是打造孩子人生的金字招牌

诚信是孩子最可贵的品质

一个人能够取得多大成就，很大程度上依赖于品格的高低。诚信是一个人品格的基石，其他优秀的品德素质，多数都建立在诚信的基础之上。父母帮孩子养成诚信的品格，等于为孩子未来的成功铺垫了基石。

从前，有个老国王没有儿子，所以想在全国挑选一个孩子继承他的王位，可是，哪个孩子最适合当国王呢？他想啊想，终于有了一个主意。

有一天，国王把全国的孩子都召集起来，发给每个孩子一粒花籽和一个空花盆，要他们种一盆花。三个月后，谁种的花最美丽，谁就会成为国王的继承人。

其中有个孩子叫雄日。他回家后，把花籽种在花盆里，天天浇水。可是日子一天一天地过去了，花盆里什么也没有长出来。雄日换了一个花盆，又换了一些土，把那粒花籽种上。可是两个月过去了，花盆里还是没有一点动静。

三个月的时间很快过去了，全国各地的孩子又聚集到王宫前，他们手中的花多么美丽啊！可是国王一个个看过去，脸色却越来越阴沉。

国王走到了雄日的跟前，停下来，问道："孩子，你怎么捧着空花盆呢？"雄日伤心地说："我把种子种在花盆里，用心浇水，可是种子怎么也不发芽。"这时，国王终于笑了，对雄日说："你就是我要找的孩子，我要让你做将来的国王！"所有的孩子都惊呆了。

原来，国王给孩子们的花种子都是煮过的，所以不会发芽，更不会开花。有些孩子发现花盆中的种子不发芽时，就把种子换了；还有一些孩子干脆把另一盆花移到了自己的花盆里。只有雄日捧着空花盆来见国王，所以他是诚实的孩子。

诚信是人性一切优点的基础，世界上才华横溢的人并不罕见，但是，才华出众的人就值得信赖吗？只有诚信的人才值得信赖。诚信这种品质比其他任何品质更能赢得尊敬，更能取信于人。诚信是立身之本，是一个人最宝贵的财产，它能让孩子保持正直，挺直脊梁、光明磊落地做人，还能给孩子以力量和耐力。

诚信是一个人最起码的品德，一个人只有做到诚信才能在社会上立足，才能取得别人的信任。所以，每个人都应该具有诚信的品质。"诚实守信"四个字构成了人与人之间相互交往的基本道德体系。一个人抛弃诚信的同时，他也就被社会抛弃了，他将被置于一个孤立无援的境地，从此他将一事无成。要知道，抛弃了诚信的人是永远也到达不了胜利的彼岸的。

我国古代曾经有一个"狼来了"的故事，这个故事告诉人们：一个不诚实的孩子，最终会因为失去救援而被狼吃掉的。在传统的教育中，父母把孩子撒谎视为大忌，不说真话，就会失去与人交往的基础。要让孩子学会诚实，做父母的首先就要学会不撒谎，对孩子的教育一定要诚实，在教育孩子的过程中，也要诚实守信。

纠正孩子说谎的习惯

说谎，也称讲大话，是指用不真实的语言来蒙骗他人的行为。在生活或学习中，这种行为人皆有之。说“我从来不说谎”这句话的人，本身就是在说谎。但如果孩子被视为“经常在说谎”，那么就肯定成问题了。

对于父母来说，帮助孩子树立诚信，纠正说谎等恶习是一个综合工程。英国作家萨克雷说过：“播种行动，可以收获习惯；播种习惯，可以收获性情；播种性情，可以收获命运。”在家庭教育中，这种播种就是家庭教导。父母做的每一件大小事情，孩子都能够感受到诚信、学习到诚信，这是一种身教。身教虽然很重要，但是父母也不应该把言教疏忽了。父母要给孩子讲清楚什么是诚信，什么是欺骗，要旗帜鲜明地表彰诚信，批驳讹诈和虚伪。

孩子说谎，有时候是有意识的，有时候却是无意识的。当孩子年纪比较小的时候，他的知识阅历还不够丰富，概念模糊，语言表达能力也比较差，这个时候就容易说错话。比如，正在上幼儿园的孩子对其他小朋友说：“昨天我和妈妈去姑姑家里玩了，我姑姑是个医生……”另一个小朋友立刻在旁边反驳说：“你骗人，你昨天还跟我们一起玩了的。”其实，不是这个孩子骗人，他确实和妈妈去姑姑家里做客了，但是不是昨天，是前天。由于孩子的时间观念比较模糊，所以把前天的事说成是昨天的事；他的姑姑也不是医生，而是糖果厂的工人，孩子见到她穿白衣服，戴白帽子就以为她是医生了。这个时候，父母一定要弄清楚孩子这样说的原因，不能不分青红皂白就对孩子严加训斥。

在平时的生活当中，有些孩子也会有一些有意识地说谎的习惯。其实这种习惯的形成，也是因为父母的不良影响和不当的教育方式造成的。孩子的模仿能力很强，且对事物的好坏分辨能力差，在他们的眼里，父母做的事情都是正确的。很多时候他们都会跟着父母学，因而父母的一些不良行为就会对孩子产生深刻的影响。

比如，生活中我们常常会看到这种情景：父母因为不愿意把东西借给别人，就会让孩子回话说："东西坏了。"孩子不理解，父母就会说"要是把东西借给别人，弄坏了怎么办？"以后再碰到类似的问题，孩子就会学着做。如果他不愿意把画笔借给别的同学，就会说"没有带来"。当孩子多次说谎都没有得到及时纠正和教育的时候，他就会逐渐变成有目的地说谎和欺骗了。

父母对孩子的教育方法不恰当，就会造成孩子不诚实的言行。比如，父母对孩子管教得太过严格，方法粗暴简单，赏罚不明，孩子做错事情的时候，就会因为害怕受到责罚而养成说谎的习惯。如果父母对孩子过分宠爱，教育方法不一致，也会给孩子创造说谎的条件。父母对孩子随便许愿，但是又不兑现自己的承诺，没有满足孩子正常的要求，也会造成孩子不诚实的言行。

在日常生活中要经常对孩子进行道德教育。如对诚实的赞许；对谎言的否定，告诫孩子人与人之间的尊重和信任的基础就是诚实。对待孩子的初次说谎，也不能掉以轻心，要尽量防止暴怒和对他们轻易地加以否定，同时要抓住这个刚刚说谎的苗头，使之不再发展。

要求孩子信守诺言

实现诺言，是一种信义，而信义是做人的根本。古人有"一诺值千

金”的说法，这是非常正确的。要让孩子信守诺言，即使遇到某种困难也不要食言；自己说出来的话，要竭尽全力去完成，身体力行是最好的诺言。

信守诺言，简单地说就是说话算数，就是对自己说过的话负责。这是一个人需要拥有的非常重要的习惯。一个人说了什么，别人能够听得到；一个人做了什么，别人也能够看得到。所以，说了是否能够做到，最能够直接地体现一个人的信用。对于信用的重要性，冯玉祥有过一个说法，叫做“对人以诚信，人不欺我；对事以诚信，事无不成”。

另外，教会孩子不要轻易给别人许诺，不要不考虑自己的能力就夸下海口，因为许诺可能只在一瞬间，但践约却可能需要很长的时间；一旦许诺，就要言而有信。美国“开国之父”华盛顿说：“自己不能胜任的事情，切莫轻易答应别人，一旦答应了别人，就必须实践自己的诺言。”只有让孩子明白了这些，孩子在答应别人时，才会有章可循。

亮亮妈妈最近发现亮亮经常说话不算数，明明已答应的事情，回头就不承认了。有时候和小朋友一起玩的时候，亮亮会随口许诺给别的宝宝玩具什么的，但往往会反悔，弄得小朋友们开始疏远亮亮，不乐意和他玩。为此，亮亮妈妈很着急。

守信是一种有责任感的表现，一个说到做到的人是能够对自己的言行负责的人，能获得别人的信任和尊重。孩子容易被其他事情吸引而忘记自己的承诺，如果此时能有成人从旁引导，将有助于孩子从小学会对自己说过的话负责。

信守承诺对于孩子来说很重要，这对孩子将来的发展很重要，因此父母要注意培养孩子的信用，和孩子一起遵守约定。人的一生会经历各

种各样的事件，但无论在什么情况下，一定要坚守自己的诺言，这样，才能克服各种困难，实现自己的理想。

要教育孩子对别人讲信用、负责任，答应别人的事要兑现；如果经过再三努力仍没有做到，应诚恳地说明原因，并表示歉意。

要教育孩子在答应别人之前，慎重考虑自己有没有能力和把握做到，对不能做到的，就不要轻易答应；对比较有把握做到的，也应留有余地，不要大包大揽。

信用是为人根本，不讲信用，难以在社会上立足。人活在世上，必然要同周围的人们打交道，然而，人与人之间的关系与友情，是需要信用来维系的。古往今来，人们痛恨尔虞我诈、轻诺寡信的行为，崇尚言必信，行必果，一言既出驷马难追，说话算话的君子作风。只有恪守信用的人，才能交到知心的朋友，才能成大事。

对孩子的诚信言行要及时肯定

父母应该尊重孩子，及时肯定孩子的诚信言行。当孩子做错了事敢于承认时，当孩子按照我们的诚信要求做事时，父母都应该及时给予孩子肯定和赞扬，让孩子感到父母因为他的诚信行为而感到欣慰。

父母还要教会孩子不应该因为别人不诚信而丧失自己的诚信原则。如果以自己不诚信来报复别人的不诚信，终究还是不诚信的人。让孩子记住，诚信是个人的事，与别人无关，只要求自己做到，不强求别人做到。

张晓明捡到了一把精致的小刀，他一直梦想拥有一把这样的小刀。尽管这并不是他的，但这是他捡到的。因为实在太喜欢了，所以他尽管非常犹豫，还是决定不找失主了。

有一天，当他得意地给刚刚看那把精致的小刀时，刚刚若有所思地说："这把小刀好像是隔壁李叔叔的。"

"你别瞎猜。"张晓明马上反驳道。

其实，张晓明自从捡到这把小刀后，并没有塌塌实实地高兴过，他总是提心吊胆的，害怕有一天失主会认出来。

在暑假结束前，张晓明找到了李叔叔。当张晓明到李叔叔家里的时候，他正准备出门。

"这是您的小刀吗，李叔叔？"张晓明紧张地问，并把手中拿着的那把小刀递给李叔叔看。

"是的，"李叔叔回答，"但是已经丢失好多天了，我还以为找不到了呢，所以又买了一把。"

"是我捡到了它，李叔叔。"张晓明说，"我已经藏了好多天了，尽管我很喜欢它，也想留下它，但它不是我的，现在必须把它还给你。好了，我要出去玩了，再见。"

"等等!"李叔叔叫住他，"你真是一个诚实的孩子。现在我已经有一把新的了，这把就送给你好了。"

"哦？真的吗？我这不是在做梦吧？谢谢你，李叔叔，谢谢!"

张晓明高兴极了，因为小刀现在"名正言顺"地归了他，再也不用提心吊胆了。

强化孩子的诚信行为是培养孩子诚信品质的一种重要的手段。在孩子有诚信行为的时候，父母要及时给予肯定和夸奖，这样能够有效强化孩子的诚信度，使诚信变成孩子的内在品德。

一般来说，孩子情感细腻，比较敏感，很在乎父母对他的评价。因此，当孩子有了诚信的言行时，父母一定要及时给予肯定，可以是语言上的肯定，如“做得不错”、“真是个讲诚信的好孩子”等；也可以是无言的肯定，如一个灿烂的微笑、一个温暖的拥抱等，这些都会加强孩子对诚信的重视程度，从而让孩子以后做得更好。

父母应该为孩子树立诚信的榜样

要孩子诚信，父母首先要以身作则。以诚信培养诚信，才会培养孩子的品德。“人无信不立”，为了培养孩子诚信的品质，在日常生活中，父母对孩子一定要诚信，不要说话不算数。

最有效的教育往往来自孩子的日常观察和亲身体验。家庭教育中的诚信不是空泛的大话空话，应该贯穿在父母亲的一言一行中，因为父母们的行为规范远比千言万语起作用。今天的青少年大多是独生子女，生活在被父母宠爱的环境里，很容易以自我为中心，而忽略了信义。为此，父母只有以身作则，言而有信，才可能让孩子明白怎样做到诚实守信。父母对待孩子及别人都做到了守信用，孩子往往很容易仿效。

一个男孩在他四五岁时妈妈带他乘公共汽车，妈妈为了不用买孩子的票，把个头刚超过规定的儿子在上车时按了一下头，而儿子也“机警”地屈着腿蒙过了售票员。下车后，妈妈得意地说：“这次上车没买票！”第二次上车，还没等妈妈按头，儿子就屈着腿上了车，售票员又没发现。下车后，儿子兴奋地对妈妈说：“今天上车又没花钱买票！”

妈妈也连连夸儿子："好儿子，你真聪明！"

就这样，这位"机警"的儿子有了占便宜的成就感，以后便想着占大便宜，小偷窃不断，最后竟结伙盗窃抢劫了。

孩子的模仿能力特强，很容易受到暗示。如果父母言行不一，不讲诚信，孩子就会跟着模仿。如果父母答应了孩子星期天带他出去玩，就一定要兑现。如果临时有事，也要先考虑事情重不重要，若不重要，就要坚守诺言；如果事情确实很重要，一定要向孩子说明情况，并要在以后弥补。当然，父母应该尽量避免这类事情发生，这样才能取信孩子。

俗话说："上梁不正下梁歪"，父母不能以身作则，不能树立诚信表率，那怎么可能培养孩子讲诚信呢？因此，父母不要轻易对孩子进行承诺，一旦承诺就一定要兑现，让孩子从父母的行动中学会诚信，让孩子从家庭生活的点滴中感受到诚信的重要性。

教育儿童言行一致，父母不能信口开河，要有言必信。只有言传身教，才能使孩子诚实无欺。父母是孩子最直接的模仿榜样，父母的一言一行、一举一动，都会对孩子产生巨大的影响，孩子都会跟着学。所以，父母在孩子面前的行为要特别慎重。父母要求孩子做到什么，自己首先要做到，只有言而有信的父母，才能培养出讲诚信的孩子。

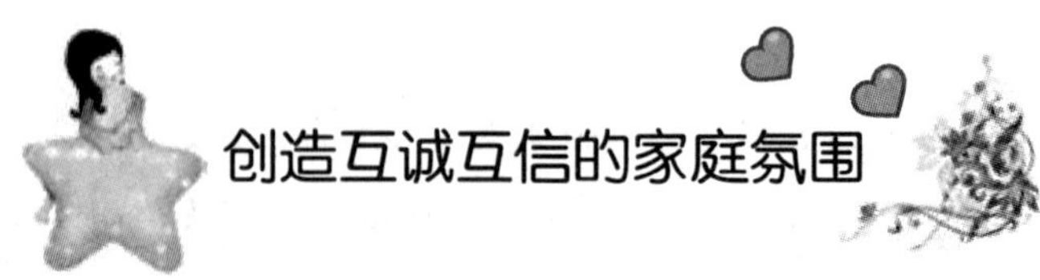

创造互诚互信的家庭氛围

孔子说过："人而无信，不知其可也。"意思是信用是为人根本，不讲信用，难以在社会上立足。守信可以说是中华民族的传统美德。

应让孩子懂得：人活在世上，必然要同周围的人们打交道，然而，同学与同学之间、人与人之间的关系与友情，都需要信用来维系的。只有恪守信用的人，才有可能交到知心的朋友。所以，作为孩子的父母应该把培养孩子守信的习惯纳入素质教育范畴，从小给孩子以严格的守信教育。

家庭是孩子人生的第一课堂。家庭教育在孩子的成长过程中有着举足轻重、不可替代的作用。同时，家庭教育是一种有别于学校教育和社会教育的一种特殊教育形式。父母要做有心人，为孩子创造愉悦的讲诚信的氛围，以感染孩子的心灵。比如，与孩子共同阅读一些诚信的图书，讨论有关诚信的话题，鼓励孩子多与人交往，在交往中感受诚信，思考诚信。

在有些家庭中存在着这样一种情况：面对孩子说谎，父母不分青红皂白就加以苛责、训斥，甚至打孩子。有些孩子本来不想说谎，不敢欺骗父母，但畏惧于严厉的家庭环境，为了逃避惩罚，也为了让自己少受点皮肉之痛，于是编造了各种各样的谎言。基于这种情况，做父母的就应该反思一下自己的教育方式，当孩子在认错时，就不要再给孩子施加精神上的压力。在一种轻松的环境中，告诉孩子说谎会有什么样的危害，告诫孩子说谎或许能让你一时蒙混过关，但迟早会让他人发现事情的真相，等真相大白之后，不仅会让你处于一种更尴尬的境地，还会失去老师、父母、同学、朋友对你的信任，久而久之，别人就不愿意再跟你接近了。这样的话，孩子便会在愉悦互信的氛围中受到启迪，讲诚信的意识也就会逐步培养起来。

两只鸟在一起生活，雄鸟采集了满满一巢果仁，让雌鸟保存。由于天气干燥，果仁脱水变小，一巢果仁看上去只剩下原来的一半。雄鸟以为是雌鸟偷吃了，一怒之下，把它啄死了。过了几天，下了几场雨后，空气湿润了，果仁又涨成满满的一巢。这时，雄鸟十分后悔地说："是我错怪了雌鸟。”

家庭成员之间应相互信任。孩子尽管年龄小，但他同样会体会到父母对他的尊重和信任。要知道从小受到尊重、信任的孩子，会更加懂得怎样去尊重、信任别人和怎样得到别人的信任。

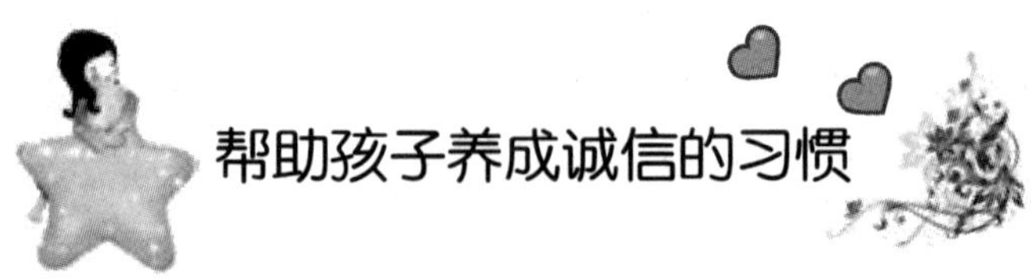

帮助孩子养成诚信的习惯

诚信教育必须从小抓起，并且坚持不懈。父母们应该教导孩子从小就做一个诚信的人，并始终如一地教导孩子要勇敢地承认自己的缺点和错误，并积极地去改正。

父母可以在家里多讨论诚信的重要性，可以朗读一些强调诚信重要性的书籍，给孩子讲一些名人诚信正直的故事，以保证诚信成为孩子的优良习惯。针对社会上那些坑蒙拐骗偷的行为，父母要态度鲜明地进行批判，要让孩子坚信，这种弄虚作假的行为是必将受到惩罚的。这样，孩子长大以后才能成为一个光明磊落的人。

早年，尼泊尔的喜马拉雅山南麓很少有外国人涉足。后来，许多日本人到这里观光旅游，据说这是源于一位少年的诚信。

一天，几位日本摄影师请当地一位少年代买啤酒，这位少年为之跑了三个多小时。第二天，那个少年又自告奋勇地再替他们买啤酒。这次摄影师们给了他很多钱，但到第三天下午那个少年还没回来。于是，摄影师们议论纷纷，都认为那个少年把钱骗走了。第三天夜里，那个少年却敲开了摄影师的门。

原来，他只购得4瓶啤酒，而后，他又翻了一座山，趟过一条河才购得另外6瓶，返回时摔坏了3瓶。他哭着拿着碎玻璃片，向摄影师交回零钱，在场的人无不动容。

这个故事使许多外国人深受感动。后来，到这儿的游客就越来越多……

父母在生活小事上，也要让孩子明白信用的重要性。当孩子自我意识太强烈，不去遵守诺言，父母就应该让他明白，朋友们上了一次当，就绝不会上第二次当，那么，就没人肯与他合作了。言而无信的人，父母也难以信任他。

比如让孩子学会守时，要求孩子有良好的时间观念，就要培养孩子养成不拖拉的好习惯，这应该从小抓起，让孩子在很小的时候就感知时间，懂得按时作息。同时，要帮助孩子严格遵守时间，如画画、游戏、做作业等要按时进行，按时结束。即使孩子与朋友的约定没有什么价值，也要令其遵守。孩子必能在这些小小的约束中，学习到如何以自己的力量管理自己的行为。久而久之，孩子面对任何事情都会守信践诺，并且认为那是一种自律精神。

有一个富翁的儿子问他父亲："怎样才能变得富有？"

富翁回答说："信用。哪怕你的合同使你亏损掉100万，你也要履行诺言。"

儿子又问："那么，如何才能够不亏损掉100万呢？"

富翁回答说："那你就别签这份合同！"

由此我们不难看出，诚实可信的人，人们才愿意与他合作。

如果发现孩子出现了言行不一的行为，父母一定要及时指出来，严

肃认真地向孩子讲明道理，并督促孩子履行自己的承诺。同时，父母还可以讲讲信义在人际交往中的作用，让孩子懂得履行诺言是多么重要。千万不要觉得孩子还小，或者觉得事情无关紧要就放纵他们。长此以往，孩子就会不断地强化不良行为，形成不良的品格，最终影响到他的人生。

第十一章

责任感，益人益己的诚信行为

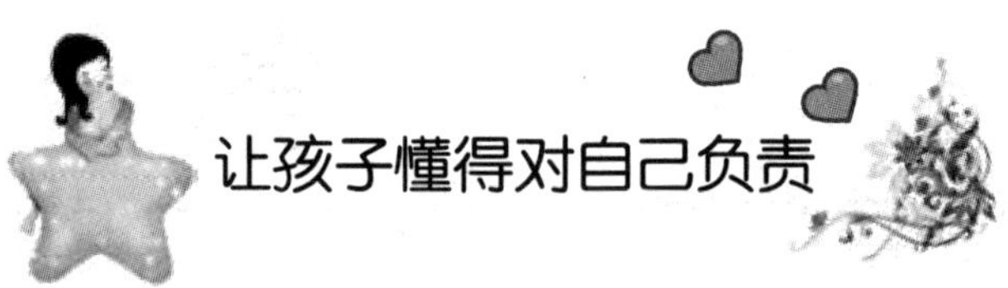

让孩子懂得对自己负责

在孩子的教育过程中，生活中的任何一件小事，都是孩子成长的经历，都会成为孩子的个性、习惯及心理经验的一部分。爱孩子是每个做父母的天性，但是爱孩子也是有方法的，不能溺爱孩子，让孩子养成事事依赖父母的习惯。否则，当有一天父母不能再照顾孩子的时候，孩子就会失去生存的能力，遇到困难也不能自己独立解决。孩子的路要自己走，父母不能陪伴孩子一辈子，所以父母让孩子学会对自己负责，是保证孩子幸福的前提。

一天早上，形形妈妈送形形上学。快到学校门口时，形形突然说："妈妈，我的语文书忘在家里了，今天老师要讲新课。"

看着车马上就到学校门口了，妈妈也着急起来，埋怨形形说："上次你就忘记带了，你怎么老这样啊，自己不会想着吗？"

"谁让你昨晚上不提醒我啊。"

"怎么成了我的错了，是你上课要用的东西啊？"

"反正我不管，你要给我送来，我第三节课要用。"

"我怎么给你送啊，我上班会迟到的！"

"那我不管，那你打电话叫奶奶送！"形形继续嚷嚷着说。

“奶奶病了你不知道啊，怎么给你送啊。”

“反正我不管……”

母子俩就这么僵持着，最后还是妈妈妥协了，回去给她取了送来。

现在很多人都在大谈独生子女政策的弊端，在现状没有改变的情况下，对于独生孩子的教育，似乎还是这种体验式教育比较有效！说教十次，不如来一两次亲身经历效果好！当孩子经历行为带来的后果，可能是批评、难受、尴尬、焦急……下一次，孩子就会尽量避免再遭受这些不愉快。当然，避免的方法只有一个：自己对自己负责！

我国有句古语：“做人靠自己。”孩子总要长大的，当他们步入校门开始上学读书时，就会体会到，这件事需要自己负责了，父母的学问再高、经验再多，也不能代替自己。显然，能否取得优异的成绩，完全取决于孩子的学习态度、方法和刻苦的程度。

孩子良好的品行和生活习惯是由日常生活中一个个细节逐渐累积起来的，是一个漫长的过程，需要父母的精心呵护和正确的引导，尤其是对每一个生活细节的重视。比如，小孩子玩的时候，常常喜欢把玩具扔在地上，很多父母就会去帮孩子把玩具捡起来。其实，这样的做法是不好的，应该让孩子自己去捡起来。让孩子为自己的行为负责，自己扔的玩具必须自己去捡。

再比如，孩子在家里玩，把自己的玩具或者卧室弄得一团糟的时候，父母也不要去帮他整理，而是要让孩子自己去收拾。父母要让孩子明白一个道理：自己做的事情自己必须承担后果。

培养孩子的责任心，就要从让孩子自己对自己负责做起。如果父母凡事为孩子代劳，让孩子习惯于父母的精心呵护，那么在以后遇到困难的时候，他首先想到的不是自己去解决问题，而是怎么依赖别人，求得别人的帮助。

孩子自己的事情自己做

生活中，很多父母经常爱说这样的话："孩子还小，还不能做。""等孩子大了，他自然就懂事了。"于是，什么事情都抢着做，到头来，孩子只会觉得：这些全都是父母该为我做的事。

当前，有些孩子做事缺乏责任心，在家做"小皇帝"，父母、祖父母都围着"小皇帝"转，这样不利于孩子健康成长。如：玩好玩具，就将玩具随地一扔；书包像杂货袋……最后都由父母收拾、整理，这些都是孩子不负责的具体表现。如果孩子从小有这种不负责的不良习惯，长大了走上工作岗位，势必影响其工作质量。因此，父母对孩子必须严格要求，做任何事都要负责任。孩子对自己做的事要负责，玩好玩具、看好图书，要有将玩具、图书送回原处的责任；老师布置的任务，要记得主动去完成；自己的东西要懂得自己去保管好……总之，责任感的培养首先要从孩子自己的事情自己做起。

要培养孩子的责任心，就要让孩子从小尝试做各种事情。从孩子小的时候开始，就让孩子做一些力所能及的事，让孩子学会自己解决困难。父母会发现，当孩子学会自己处理问题的时候，一下子变得懂事多了，父母也会少操很多心。

让孩子学会自己的事情自己做，自己的东西自己管理，自己的生活自己安排的自我管理习惯，就能培养孩子的责任感，增强孩子行动的独立性、目的性和计划性，这对于孩子今后的幸福和成功有非常大的帮助。

在生活上，兰兰的妈妈从来不替她包办，而是提倡自己的事情就应该自己去做。妈妈经常鼓励兰兰自己洗小手绢、自己收拾书包、自己打

扫房间。另外，妈妈还经常让兰兰做一些力所能及的家务。妈妈规定，周末刷碗的工作由兰兰负责，并从头到尾引导兰兰把厨房打扫干净，以此来培养兰兰的责任感。

有段时间兰兰上小学总迟到，妈妈给她买了一个小闹钟，但妈妈没有帮孩子把闹钟定好，而只是告诉兰兰："什么时候起床由你来定，迟到了会挨老师批评的。"结果，兰兰每天都会早早地起床，从来没有让妈妈费心。

鼓励孩子自己的事情自己做，是根据孩子的年龄特点，让他们做一些力所能及的事情，使他们逐步学会自己的事情自己做，不会的事情学着做，会做的事情经常做。只有这样，孩子才会真正地成长起来，并成为一个有责任感的人。

让孩子对自己行为的后果负责

很多孩子在犯了错误之后，心里都会感到不知所措，害怕父母知道了责罚自己，想着如何把错误隐瞒下去。其实，孩子会犯错误是很正常的事，并不可怕，可怕的是孩子犯了错误之后不敢承认，不去改正，那么错误就会犯得毫无价值。父母们要让孩子知道犯错误并不可怕，只要勇于承认和改正，还是好孩子。让孩子为自己的错误负责，是培养孩子责任心不可缺少的历程。

让孩子对自己某些行为造成的不良后果设法补救。如小孩损坏了别人的玩具，一定要让孩子买了还给人家，也许对方会认为损坏的玩具没

多少钱，或认为小孩子损坏玩具是常有的事，或者不好意思收下孩子的赔偿，但父母应坚持让孩子给予对方补偿，这样可以让孩子知道，谁造成不良后果，就该由谁负责。当然，父母在家中要为孩子树立好的榜样，“言必行，行必果”，这样才能有威信要求孩子负责任，才能让孩子有模仿对象。

还有两个星期就期末考试了，小远要求妈妈再让自己出去玩一次。禁不住他的软磨硬泡，妈妈终于同意让他出去踢一个小时的足球。却没有想到，小远这一出去就惹了祸。在踢球的时候，他因为和邻居家的小朋友张涛发生了口角，12岁的小远仗着自己比对方高大，一下子就把张涛摔趴下了。张涛倒在地上，痛得哇哇大叫。脸色煞白，汗如雨下。可小远还在叫嚣着：“起来呀，你倒是起来呀，怎么怕了啊？”他又走过去拽张涛，可是张涛却站不起来了。张涛的小腿骨折了！

小远这下子慌了神，立刻回去找妈妈求救，其他的小伙伴也叫来了张涛的妈妈，大家一起把张涛送进了医院。尽管小远的妈妈赔了一百个不是，可是张涛的妈妈就是不肯原谅。谁的孩子谁不心疼呢?

小远的妈妈也明白这个道理，她从心里觉得对不住张涛。她和小远的爸爸约定，两个人每天轮流去医院看望张涛，每次去都是大包小包地买上一些张涛爱吃的东西。张涛在医院住了一个月，小远的爸爸妈妈就往医院跑了一个月。

一个月中，小远就去了医院一次，还是在妈妈的强烈要求之下去的，去给张涛赔礼道歉。其实，小远的妈妈也不想让他多去，妈妈担心他往医院跑会影响考试，可是自己又没有时间照顾小远，于是就把小远送到了外婆家里。

从此，小远好像就与这件事没有关系了。他不打听张涛的情况，爸爸妈妈为了帮他弥补过错而忙碌，他也视而不见。小远的考试虽然没有被耽搁，但是他的责任心却也没有了。

一个对自己的行为后果没有责任心的人，是社会化的一种失败，因为他很难形成社会的归属感，很难适应社会生活。我们应让孩子从小意识到，自己的行为后果要由自己负责。如果在吃饭时间，孩子不肯好好吃饭，就先让他停止进食，父母用不着端着饭碗追着孩子去喂，等到他饿了以后再对他进行教育。让孩子对饥饿负一点责任，是有教育意义的。

有太多的父母因为心软，因为心疼孩子，无法坚持自己对孩子的要求，结果小孩就顺竿而上，父母没有了威信，孩子也越来越难教育。作为父母，我们在尊重孩子想法的同时，是否也可以和他们沟通，让他们知道我们的原则。或许一时之间，你会对孩子吵闹感到不忍心，但请你一定要坚持住，因为这是训练孩子们 “为自己行为的后果负责”及增强“挫折容忍度”的最好时机。

让孩子学会自己承担责任

生活中，很多父母在教育孩子的时候，会有这样一种习惯，在孩子闯祸的时候，往往把孩子的过错当成自己的过错，替孩子向对方道歉：“太对不起了，给你添麻烦了。”而作为罪魁祸首的孩子，却在一旁事不关己的样子，简单的一句“对不起”就敷衍了事。这种现象在我国很普遍。但是在国外，父母在这个问题上的态度却是截然相反的。比如，妈妈带孩子去别人家里做客，孩子不小心打碎了别人的杯子，杯子里的水洒了出来，把地面弄湿了。妈妈并没有像中国妈妈那样马上替孩子向主人道歉，而是问主人借了扫帚和拖布，让孩子把残局清理完，再让孩

子自己给主人道歉。

国外的妈妈教育孩子的方法值得我们借鉴。这种教育方式能让孩子认识到一个人应该为自己的行为负责。让孩子学会一人做事一人当的好处是：孩子能够更深刻地明白道理。孩子从实际经验中总结出来的教训胜过父母的千言万语，不仅有助于培养责任感，还能帮助孩子养成自觉遵守规则、积极自律的观念和习惯。

生活中，我们常常能够见到匆匆忙忙赶到学校为粗心大意的孩子送书本或者文具的父母；也常常能够见到想方设法为孩子的不良行为而逃避老师处罚的父母。当孩子在外面闯了祸的时候，总是父母去给别人赔礼道歉。正是因为父母对孩子这样没有原则的宽容和溺爱，造成了孩子的自私自利，没有责任感的性格。

责任感是一种自觉的行为，美国心理学家弗洛姆说："责任并不是一种由外部强加在人身上的义务，而是我需要对我所关心的事件做出反应。"让孩子学会一人做事一人当，不管孩子犯了什么错，只要他有能力，父母就应该让他自己承担责任，这才是正确的爱孩子的方式。

很多孩子之所以缺乏责任感，就是因为父母为他们做了太多的事情。父母总是觉得"孩子还小，等他长大了自然就会懂事"。为孩子做好了一切事情，长期这样，孩子为自己的过失负责的意识就渐渐地消失了，觉得所有的一切都是父母应该为自己做的。因此，要让孩子学会承担责任，父母必须先改变自己溺爱孩子的行为。

父母要培养孩子的责任感，就应该让孩子了解自己的行为带来的后果。很多时候，孩子做事往往只凭着自己的兴趣，要让孩子为自己所做的事情负责到底，就必须告诉孩子他做事的要求，并且与处罚联系在一起。要让孩子知道什么事情能做，什么事情不能做。如果做了，会产生哪些后果，受到哪些惩罚等。这样，孩子才能知道一个人是要对自己的行为负责的。让孩子学会一人做事一人当，才能培养起

孩子的责任感。

允许孩子参与家事决定

英国教育家斯宾塞曾说："当孩子感到被爱、被信任，奇迹不久就会出现在你眼前。"如果父母对孩子放权，孩子就会对父母的信任表示感激，并全力以赴为自己的决定而努力，为父母的信任负责。孩子的责任感就会在信任中被唤醒。

孩子的成长速度是惊人的，特别是现在的孩子，远远超出成年人的想象。父母认为孩子不能做的事，可能孩子已经完全有能力做了。因此，父母要尽量给孩子一些锻炼的勇气和机会，这样孩子才可以增强责任心。当孩子能够参与讨论家里的问题时，他们就能够更好地理解父母。而父母一方面可以调动孩子的责任心，使自己清楚地认识孩子的品质；另一方面可以得到有关自己教育的反馈信息。

雪萍今年12岁了，有一天，她突然给爸爸妈妈提出了这样一条建议：我可不可以申请参加家庭的一些小会议。以前我还小，不懂事，参与也是调皮捣蛋。但是现在我已经长大了，已经具备了分辨是非的能力。我是家里的一份子，应该适当地参与家庭会议，这样便可以多一个人出主意想办法，而且还能提高我解决困难的能力和分析能力，增长我的社会经验。可是每次爸爸妈妈有什么事情都把我哄到一边，说什么"大人有事，小孩子别添乱"，我已经12岁了，不再是小孩子了，每次你们把我支开的时候，可曾体会过我的心情吗？

12岁的孩子已经非常懂事了，完全能够清晰地表达自己内心的观点了。但是，即使你的孩子只有6岁，你也应该让他参与家庭的会议和家事的决定，这对孩子的成长是非常重要的。

让孩子参加家庭的重大决策，会让孩子觉得自己是家庭的一员，自己很受父母的重视，像个大人，让孩子有很强烈的当家做主的感觉。

一个人的责任心往往就是看到自己的行为与他人的幸福安危有直接因果关系时才建立起来的。很多父母以孩子年龄小为借口不让孩子参与家庭事务的决策，是非常不妥的。父母应该把孩子放在和自己平等的位置，家里的一些事情和孩子商量，虽然孩子可能对很多问题还不是很懂，但是在心理上，他会有一种被尊重、被重视的感觉。他也是家庭的一员，他的行为会对家庭造成影响，这种感觉对孩子来说是非常重要的。

让孩子学会选择，参与决策，从小事到大事，都可以；不光孩子自己的事可以，全家的事也可以。比如，外出就餐，可以教孩子点菜，让孩子学会通过每人的消费额、饭菜的数量、口味、就餐环境等不同的指标，来综合决定就餐的地点及如何点菜。

父母要尊重孩子的意愿，允许孩子实施自己的知情权和参与权，这样才能让孩子感觉到他在家庭中的重要性，从而建立起对家庭的责任感。

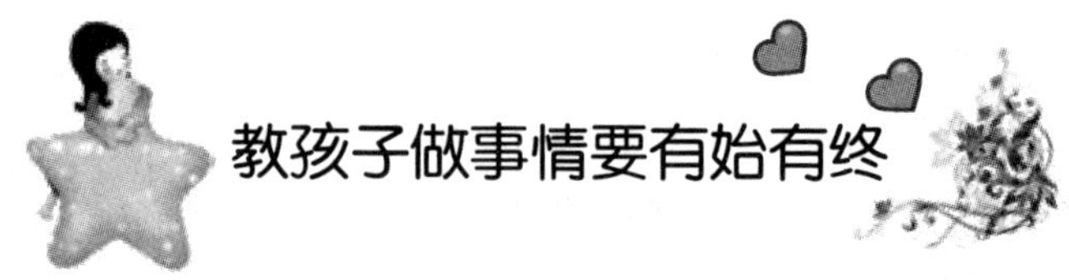

教孩子做事情要有始有终

生活中，常常听到有些父母抱怨自己的孩子做事情“虎头蛇尾”或者说“越帮越忙”之类的话，孩子都很喜欢做些力所能及的事或帮大人老师做事，但由于年龄小，意志力不强，坚持性不够稳定，做事往往三心二意、半途而废，因此，父母应该在日常生活中加以引导，使孩子养成做事有始有终的好习惯。

孩子好奇心强，什么都想去摸摸、去试试，但是随意性很强，做事总是虎头蛇尾或有头无尾。所以，交给孩子做的事情，哪怕是很小的事情，爸爸妈妈也要检查、督促及对结果进行评价，以便培养孩子持之以恒、认真负责的好习惯。

滔滔某天放学回家的时候看到广场上有人在滑旱冰，他立刻对此产生了浓厚的兴趣。回到家里之后，他央求爸爸也给自己买一双溜冰鞋。爸爸很爽快地就答应了他。

溜冰鞋买回来之后，爸爸让滔滔坐在凳子上，给他穿好了鞋子：“好了，站起来试试。”滔滔兴奋地想站起来，可是刚一起来，却又坐在了椅子上。

“怎么了，站不起来吗？”爸爸关心地问。

“我怕摔倒。”滔滔回答爸爸。

“没关系，站起来往前走。”爸爸鼓励滔滔说。

滔滔鼓起勇气，晃晃悠悠地站了起来，可是刚走了一步，就立足不稳，摔了一跤。滔滔的脸顿时没有了刚开始时的兴奋表情，取而代之的是一脸恐惧。

“摔跤没有什么，不管是谁，刚刚开始学的时候都会摔跤，不摔跤是学不会的。来，再试一次。”爸爸鼓励道。

滔滔还是有点犹豫，见他这样，爸爸又说：“不用怕，爸爸小时候也是这样的，鼓起勇气，一会儿就学会了，继续。”听了爸爸的话，滔滔虽然还是很害怕，但还是默默地点了点头。

“脚下要动起来，看着前方，别害怕。”

就这样，在爸爸的一次次的鼓励下，滔滔终于学会了滑旱冰。

当孩子做事情有放弃的念头的时候，父母应该给孩子以鼓励，增强孩子的自信心，鼓励他把事情坚持到底，直到出色地完成。

孩子做事不能善始善终往往是由多种因素造成的。例如，对事情本身缺乏兴趣、缺乏恒心、缺乏责任感、缺乏自信心等。父母应当让孩子多做一些感兴趣的事情，这样孩子容易获得成功，可以从成功中感受到快乐。孩子也会认为自己有能力把事情做好，从而增强自信心。

利用孩子的好胜心，父母可以经常地和他开展竞争比赛来调动孩子的积极性，以此去鼓励他坚持把事情做得更好。当孩子遇到困难时，父母应当在旁边鼓励孩子，使孩子坚定战胜困难的决心。培养孩子的责任感，告诉孩子自己的事情自己做。父母绝不要包办代替，不能总是替孩子承担责任，以此来增强孩子的独立意识。孩子时时刻刻都在模仿父母，父母应该起到示范的作用，无论做什么事情都要善始善终，不能半途而废。

兰兰是个爱劳动的好孩子，可就是有一个毛病，一会儿想干这，一会儿想干那。刚才还在扫地，没扫两下，又洗小手绢去了；手绢还没洗完，又去看小人书了。妈妈对兰兰的这个毛病很伤脑筋。

我们都知道，孩子做事都是三分钟热度，坚持性不强，因此，培养孩子做事善始善终的良好习惯很难一蹴而就，立竿见影。在日常生活中，大人要放手让孩子做事情，让孩子养成爱劳动，自己的事情自己做的好习惯，同时在孩子做事时父母要给予耐心的诱导和有效的指点。千万不要把孩子能做的事情都包办了，这样不是真正地疼爱，只会使孩子养成衣来伸手、饭来张口的不良习惯。

培养孩子的合作精神

合作是人类社会赖以生存和发展的重要组成部分，在未来社会，只有能与人合作的人，才能获得生存的空间，也只有善于合作的人才能赢得发展。今天的孩子是未来的小主人，他们必须学会共同生活，这就需要他们从孩提时代就学会相互理解，平等交流与和平共处，让他们学会在合作中竞争，在竞争中合作。不仅如此，还要学会在合作中和伙伴间增进友谊，相互了解，因此，幼儿期培养孩子的合作精神将是父母面临的重要课题。

培养孩子的合作精神，首先要给孩子一些思想准备，对家务劳动与家庭生活进行一些讨论是必要的：关于孩子的年龄与做事的能力，关于大家生活在一起应相互帮助，关于每个人应负的责任，随后便是列出家庭生活所包括的劳动项目等。这本身对孩子就是一个很好的教育，知道维持一个家庭的正常生活需要花费多少劳动，因而体会到父母的辛苦。这样的讨论会在孩子们心中建立起家庭是一个生活团体的概念，每个人都要各司其职，相互帮助，才能生活圆满。

有人和上帝讨论天堂和地狱的问题。上帝对他说：“来吧！我让你看看什么是地狱。”

他们走进一个房间。一群人围着一大锅肉汤，但每个人看上去一脸饿相，瘦骨如柴。他们每个人都有一只可以够到锅里的汤勺，但汤勺的柄比他们的手臂还长，自己没法把汤送进嘴里。有肉汤喝不到肚子，只能望“汤”兴叹，无可奈何。

“来吧！我再让你看看天堂。”上帝把这个人领到另一个房间。这里的一切和刚才那个房间没什么不同，一锅汤、一群人、一样的长柄汤

匀，但大家都身宽体胖，正在快乐地歌唱着幸福。

“为什么？”这个人不解地问，“为什么地狱的人喝不到肉汤，而天堂的人却能喝到？”

上帝微笑着说：“很简单，在这儿，他们都会喂别人。”

同样的条件，同样的设备，为什么一些人把它变成了天堂，而另一些人却经营成了地狱？关键就在于前者懂得合作。

孩子将来要走向社会，成为一个社会人，就需要有合作精神，因为合作是一个团体成功的根本。因此，要让孩子多参加一些集体活动，使孩子在集体活动中自觉地意识到与他人真诚合作的必要性。

有些父母不肯让孩子交朋友，怕孩子学坏，这样是不利于培养孩子的合作精神的。我们不但要允许孩子与人交往，还要鼓励孩子与自己意见不同的孩子交往，这样才有利于培养孩子的合作精神。

合作是一种能力，更是一种艺术。唯有善于与人合作，才能获得更大的力量，争取更大的成功。自古就有“齐力断金”的说法，“三个臭皮匠，顶个诸葛亮”讲的也是同一个道理。历史上有多少成功的人，却没有一个人是凭着一己之力取得成功的，这就是事实。因此，作为父母，应该重视对孩子合作精神的培养。

第十二章

勤劳，培养孩子的蜜蜂精神

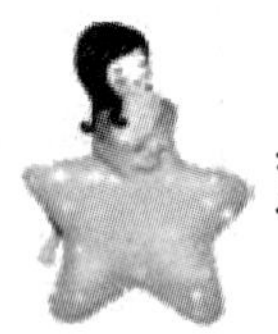

鼓励孩子从身边的小事做起

要培养孩子热爱劳动的品质，只凭讲道理是绝对不行的，必须引导和鼓励孩子亲自参加劳动，从小事做起，从一点一滴做起。小孩子要先做好自己生活上的事情，如收拾自己的文具、书包、书桌、衣服，自己洗头、洗手绢、收拾自己的房间，然后再帮助父母干一些家务活儿，如洗菜、洗碗、浇花、扫地、托地板、擦玻璃、买日用品等。

父母要用欣赏的眼光看待孩子的劳动，对孩子劳动的积极性要予以赞扬，对孩子劳动的成果要予以肯定，要让孩子在劳动中不仅体验到劳动的艰辛，也要体验劳动带来的成就感。例如，孩子把自己的房间收拾得干净整齐，父母就可以称赞孩子的房间像宾馆，还可以当着孩子的面让其他孩子“参观”；农村的孩子参与了种菜，等菜长大后，父母可以精心为孩子做一顿可口的菜肴，让孩子和家人“享受”孩子的“劳动成果”。

孩子小的时候，一般都是很勤快的。早上一睁开眼睛，他就尝试到处看看，当他能控制自己的动作时，就喜欢到处爬，看到什么都要摸一下，什么东西都喜欢拿起来放在嘴里咬。大人做什么，他就跟着做。当然，很多事情他是第一次做，所以很容易出错。在出错的时候，如果大人大声呵斥“不准”，或者大惊小怪地惊呼“危险，不要做”，久而久之，孩子想尝试的心理就会渐渐消失。在小小的心里，他就会觉得这也碰不得，那也碰不得。当孩子长大了之后，他就会渐渐变成该做的事情也懒得去做了。

如果父母不想让自己的孩子变得懒惰，那么就应该从小培养孩子爱劳动，让孩子保持自信、积极进取的状态。生活中，当孩子做出要尝试时，只要不是危险的和损害别人利益的事，父母都应该予以鼓励和支持。

父母还应该经常给孩子提供大胆尝试的机会，比如，当孩子还不会洗碗的时候，他总想学着妈妈一样洗碗，你就不要简单地制止："不行！你会打碎碗的！"而是给他一个脸盆，放上几个脏碗，再滴上几滴洗洁剂，让他洗个够；当孩子还不会扫地的时候，他总是来抢你的扫把，你也不要简单地拒绝："去去去！不要越帮越忙！"而是给他一把小一点的扫帚，让他扫个够。如果他真的把地扫得一团糟，你也不必太计较，在赞扬他"真能干，会帮妈妈扫地了！"之后，再悄悄地把脏地收拾干净。

在孩子学习做事情的时候，你不要充当评判者，而是一个参与者、建议者、鼓励者及在孩子需要的时候的帮助者。对待孩子的失败，你也不要太在乎，要让孩子明白，谁都有失败的时候。这样，孩子每次尝试做一件事情时，他得到的都是"肉丸子"而不是"电击"，他当然会很有自信，乐意一而再再而三地努力去做自己还不会做的事情了。长大之后，他很自然就会成为一个勤快的、乐于尝试新事物的、积极向上的孩子了！

如果您的孩子不幸已经没有自信并且变得懒惰了，唯一的办法就是停止对他所做的事情挑毛病、指责或者是表示不满意，而只要他愿意，做得怎么样，都予以鼓励。

自古天道酬勤，勤劳是大多数走向成功的人的重要品质。有的父母经常抱怨自己的孩子非常懒惰，在家什么也不干，其实在抱怨的同

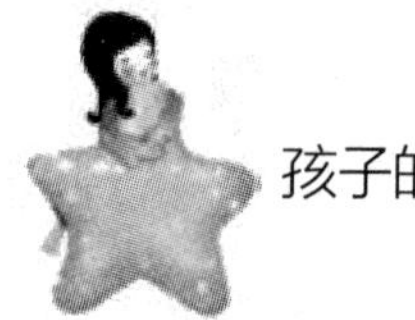

时，作为父母的你们有没有想过这一切到底是怎样形成的，孩子小的时候像宝一样地被握在手里，生怕孩子碰到跌到，受一点点苦自己都非常心疼，等孩子长大的时候，父母又来抱怨孩子懒惰，这样就形成了一个怪圈。

因此，要想孩子变得勤劳，首先，要从父母自己入手。父母可以每天指派些轻松的家务活给孩子，比如吃饭之前发筷子，吃饭之后把盘子端到水池里面，别看这样的事小，但却可以给孩子树立一个我要勤劳干事情的心理。

其次，父母可以设定一些小的奖励来鼓励孩子勤劳地干事情，比如说打扫卫生可以多奖励零用钱，其实孩子是很愿意通过这种方式来勤劳地干事情的。这样不仅能使孩子更加勤劳，还能使孩子从小养成一种勤劳致富的心态。

最后，孩子勤劳需要父母的督促和监督，孩子大多毅力不坚定，需要父母督促孩子去完成各样的事情，这是孩子必须要经历的阶段。

因此，想要孩子更加勤劳，父母就要时刻督促自己的孩子做自己力所能及的事情。

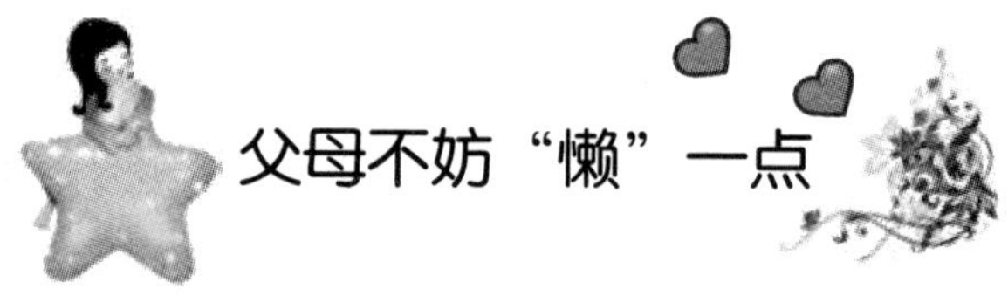

父母不妨“懒”一点

从孩子呱呱坠地的那一刻起，做父母的不仅给了孩子生命，也给了他们作为一个独立的个体存在于这个世界的权利。父母如果总是不让孩子学着照料自己的生活，不让孩子尝试自己的事情自己做主，就会人为地推迟孩子独立自主的时间，使孩子产生对父母的过度依赖感，缺乏自

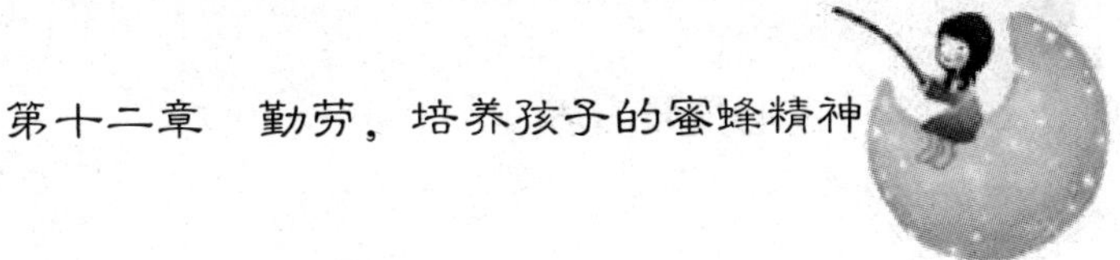

我决策的意识。

做懒妈妈绝不是为了享轻闲、图自在，而是有良苦用心。她们没有一味地溺爱孩子，没有一味地迁就孩子，而是从长远着想，锻炼孩子的动手能力，培养孩子的劳动意识，磨炼孩子的意志品质，增强孩子的综合素质，从而促使孩子健康地成长。

做个懒妈妈，早上起来，你不必忙着早起，一直闹铃叫醒了孩子，你只管躺在床上凝神听下他的动静。知道他按时醒了，听到他刷牙洗脸的声音，你就可以再安心地继续小憩。吃饭怎么办？他可以自己出去买点吃，也可以自己在家做着吃。那么大的孩子了，只要他乐意，简单的早饭自己绝对能做了。微波炉热饭，煮方便面，牛奶，面包，这些都很简单呀。

张小兰的妈妈很“懒”，“懒”妈妈教育孩子自有一套方法。从张小兰学走路开始，摔了跤，妈妈“懒”得扶，都是张小兰自己爬起来；吃饭“懒”得喂，让孩子自己拿勺子吃；上幼儿园“懒”得送，让孩子自己坐车去；上学了，路程很远，妈妈除了最初几次接送她外，就再没有接送过，全是张小兰自己安排学习、娱乐、休息与生活，甚至连中饭也自己解决。

妈妈的“懒”和张小兰的勤奋、能干形成了鲜明的反差，以至于周围的熟人在佩服“懒”妈妈培养了一个勤奋、能干的好女儿的同时，也纷纷向“懒”妈妈取经。

这里所谓的“懒”并不是真正地要父母懒，而是在孩子能做的事情上，父母不妨偷“懒”一下。孩子能做的就都让孩子自己去做，这样不仅有利于培养孩子勤奋的习惯，还能培养孩子的动手和自理能力。做个“懒”父母，放手让孩子自己成长，是一种高明的教子方法。

只有懂得吃苦的孩子，才会理解父母的艰辛，才会善解人意。做父母的，不要包办孩子力所能及的事情，孩子自己能做的事情就让他自己做。父母什么事情都帮孩子做好了，不仅纵容了孩子，而且还给孩子一种错误的意识。在孩子的心里，他会以为父母这样做是应该的，他不仅不会主动帮父母做事情，更不会为社会做贡献。为了让孩子能成为社会有用之人，父母就要在孩子的吃苦方面动动脑筋。

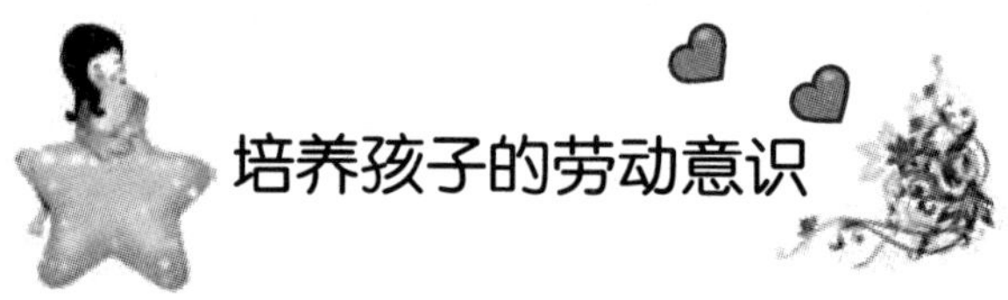

培养孩子的劳动意识

劳动在人类的日常生活中有着极其重要的地位，它是人类赖以生存的基础，也是社会能够正常运转的根本，同时也是体现一个人价值的最有效途径，因此，父母从小就应该培养孩子热爱劳动的好习惯。一个人，不管知识多深，经济多强，都需要劳动，因为劳动不但是人的本能，而且是人身体健康的保证，也是一个人实现自我价值的基础。

每个孩子从生下来与社会接触开始，他就具备了劳动的能力。即使是一个1岁大的孩子，通过父母的言传身教，他也会懂得收拾自己的玩具和东西。当孩子逐渐长大后，他就会有自理的能力。如果父母真的爱孩子，希望孩子健康成长，那就应该让他们从小养成爱劳动的好习惯。

现在很多家庭都把孩子宠成“小皇帝”、“小公主”，衣来伸手，饭来张口，说是爱孩子，其实这种行为简直是一种“谋杀”；还有的父母因为工作忙，每天都在抢时间做家务，如果再让孩子帮忙，反而会越帮越忙，干脆不让孩子动手了，这也是不对的。父母应该从孩子小的时候起，就有意识地教孩子做一些力所能及的事情，让孩子做妈妈的小帮手。其实，越小的孩子越对妈妈做的事情感到好奇，很想参与进来。

星期天，乐乐起床后，在客厅无聊地看着电视。这时候，妈妈抱着一大堆衣服出来洗。走到乐乐身边时，妈妈说："乐乐，你也把你自己的衣服洗洗吧。"乐乐想了想，把考试期间积攒的所有脏衣服通通拿了出来，花了整整一上午才把它们洗干净。

中午吃饭的时候，妈妈问乐乐："劳动的滋味怎么样？"乐乐眼珠一转，说："爽！"妈妈笑笑："那下午你就再干点活儿吧。"乐乐点了点头。下午，乐乐和妈妈一起把屋子彻彻底底地打扫了一遍，体验到了劳动的乐趣。从此，每到周末乐乐都会主动参加家务劳动。

孩子在家里跟其他成员一样，可以享受一定的权利，也应该履行一定的义务，切莫把孩子置于只享受权利，不履行义务的特殊地位。

劳动能够提高孩子的技能，开阔孩子的视野，培养孩子勤俭节约的品质。孩子的许多生存技能都是在劳动中获得的，劳动给了孩子许多书本上学不到的东西。劳动能够让孩子感到充实、幸福，还能有效调节大脑。

父母应该注意培养孩子独立生活的能力，要教会孩子做一些力所能及的事情。父母还要为孩子规定合理的作息时间，让孩子生活得有规律。这样，对孩子来说，既培养了他们独立生活的能力，又养成了他们爱劳动的好习惯。

父母和老师都把孩子们的学习放在第一位，往往忽视了培养孩子的劳动意识，虽然学校大都开设劳动课，但孩子在学校里上劳动课时会抱着新鲜好玩的心理，在学校积极劳动，回到家中没有适当的鼓励，就不会主动地做家务，也没有形成做家务的习惯。适当地让孩子承担力所能及的家务对孩子的成长有积极重要的影响。这不仅能培养孩子的独立意识，对于加强孩子的动手能力、协调能力和管理能力都有好处。

孩子劳动需要父母的鼓励

有些孩子在学校里很热爱劳动，在家里却不热爱劳动。这只能说明父母在培养孩子劳动意识方面存在着误区。孩子可能是在学校劳动能得到老师的表扬和夸奖，在家里却没有人对他提出劳动方面的要求，或者劳动后并不能得到家人的表扬和鼓励。

为了帮助孩子形成劳动习惯，在孩子劳动习惯未形成时期可以适当给予物质或精神奖励。例如，你可以先给孩子订立劳动协议，并安排劳动任务。完成一项劳动任务得1~3分，积分满15分，去逛动物园一次；积分满20分，买卡通书一本；积分满30分，游览博物馆一次……

经验证明，这种办法能使孩子在短期内勤劳起来。等孩子的劳动习惯建立起来以后，你可以告诉孩子：前一段时间你表现得很好，说明你完全可以勤快起来，但是，要知道，家庭劳动是每个家庭成员的义务，前一段时间，为了养成你的好习惯，我们采用了奖励的办法，现在，你已经可以胜任为一个合格的家庭成员，所以应该和爸爸妈妈一样，为家庭义务劳动了。

生活中，当孩子表现出勤奋和努力的时候，父母应该给予孩子鼓励和支持，肯定孩子的努力。当孩子表现出懒惰的时候，父母也不要一味地指责孩子，而是要引导孩子，让孩子改变懒惰的习惯。在家庭教育中，父母更应该注重孩子努力的过程，而不是孩子的聪明程度，并把这种理念传递给孩子，让孩子感觉到只有付出才会有收获，只有努力才能达到自己的目标，才能得到父母的夸奖和认可。父母还要让孩子明白一个道理：聪明往往只能决定一时的成败，只有努力才能取得最后的成功。

很多时候，也许孩子所取得的结果是错误的，但是孩子在这个过程中所付出的努力却是毋容置疑的，也是最宝贵的。

赏识孩子的努力和勤劳，告诉孩子成功与失败并不是对立的，它们不过是一种比较，有时，成功只是比失败多了一点点，只要努力与勤劳，就是在不停地前进。

张晓晓是个特别勤快的小女孩。小时候妈妈带她去逛超市，她总是会非常积极地帮妈妈推购物车，结账的时候，她也会站在购物车前，帮妈妈把车上的东西往收银台上放，然后心满意足地看着收银员继续下面的工作。每当这个时候，妈妈就会夸奖晓晓，说她是个勤快懂事的孩子。

在平时的生活中，妈妈也会让晓晓去丢垃圾什么的，晓晓也总是非常乐意地跑到垃圾桶面前，认真地把垃圾扔进去，然后等着妈妈的夸奖。在妈妈的称赞下，张晓晓无论是在家里还是在学校，都表现得非常勤劳。

父母赏识孩子的勤劳行为，孩子就会变得更加勤劳。父母可抓住适当的时机，通过言辞，认可孩子的努力、耐力和勤奋。其范围可从一句简单的“我喜欢你的努力”到对他所做的行为作出详尽的评论。父母要把完成一项任务和做好一项工作所确立的标准告诉孩子，比如打扫房间或完成功课等，然后以此来关注孩子勤劳的程度。

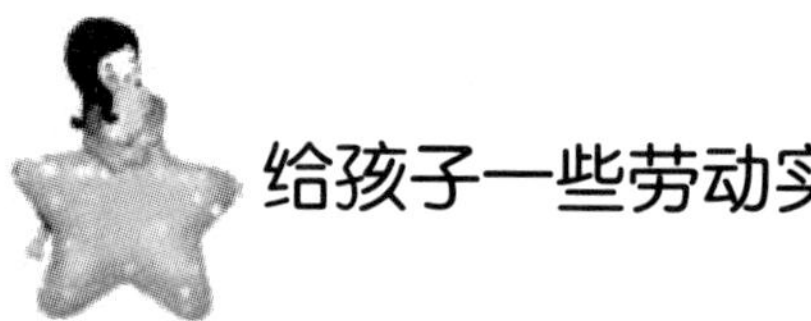

给孩子一些劳动实践的机会

家庭教育要着力培养孩子自食其力的意识，父母要让孩子从小认识到劳动的价值。美国有好多中学为了培养学生独立生存的能力，特别规定，学生将毕业时，必须不带分文，到社会上独立谋生两周才允许毕业。2004年河南省一所中专也采取了同样的办法，要求每个学生只能带5块钱离开学校到社会上谋生一周。为了防止意外，学校专设了一部热线救助电话，使学生能随时与学校联系。并有几个记者跟踪报道，但不许提供帮助。这一举措，当时在社会上产生了强烈反响。

在美国的中学生中流行着这样一句话：要花钱，自己挣！不管家里经济状况如何，孩子到12岁以后，就必须得给家里的庭院建草坪，给别人送报纸，以换取些零花钱。一些家庭还要求孩子假期里在附近当勤杂工，或帮人建草坪，或帮人扫落叶，或帮人铲积雪等。美国的父母们常说，只要有利于培养孩子谋生的能力，让他们吃些苦是值得的。

曾经有这样一个笑话。一位老师问学生：“你们知道鸡蛋是从哪里来的吗？”学生们面面相觑、不知所措。过了一会儿，一个学生用犹疑的口吻说：“好像是从冰箱里边出来的。因为我经常看见妈妈从冰箱里边拿鸡蛋。”

有时候，父母们不妨创造一些条件，让孩子有劳动实践的机会。当孩子要求“自己来”的时候，千万不要拒绝，也不要包办代替，给孩子一个实践的机会。日本有一句教育孩子的名言是：“除了空气和阳光是大自然赐予的，其余的一切都要通过劳动才能获得。”

对于父母来说，孩子是父母的心头肉，孩子健康、快乐成长是每一个父母、每一位老师共同的心愿，在学校学习基本的文化知识是主要任务，而参加社会劳动实践也是每一个孩子不应该绕过去的培养良好道德素质的一个平台，培养“德智体美劳”综合发展的高素质社会主义建设接班人更是社会、学校、父母共同希望的结果。

研究表明，孩子们童年时的活动与成年后的情况有着惊人的关系。那些童年劳动得分最高的人，成年后交友广泛的可能性高出10倍，获得高薪的可能性大4倍，失业的可能性小15倍。那些童年很少劳动或不劳动的人，犯罪的可能性较高，精神不健康的可能性大。可见，那些替孩子做一切事情的父母，实际上是害了孩子。

现在的社会是不断向前发展的，劳动可以让孩子从温室走向社会，提高孩子的实际操作能力，了解社会发展方向，让他们更好地适应社会。所以，父母要让孩子主动从书本中走出来，走出校门，利用节假日，去经历一次真正的实践。

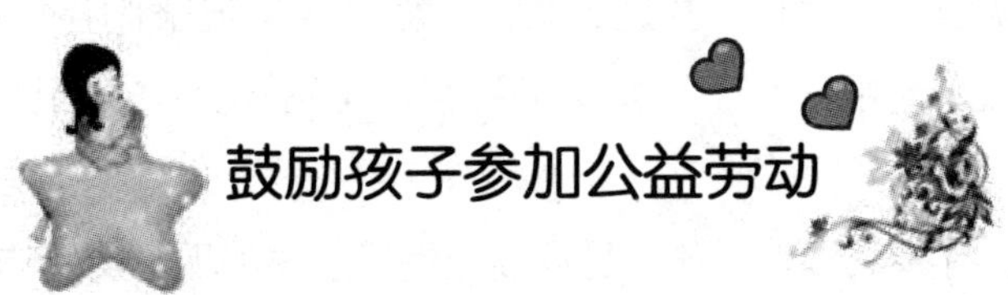

鼓励孩子参加公益劳动

社会公益活动是最能体现一个人的爱心和良知的行为，也是非常能体现一个人的社会价值的行为。因此，父母应该热情地支持子女参加公

益劳动。

公益劳动是一种知和行统一的实践活动，能体现一个人的爱心和社会良知。鼓励或带领孩子参加公益劳动，能在认知和行为两方面引导孩子形成正确的价值观，会让孩子树立起“心系他人，心系集体，心系社会”的思想观念，提高孩子的社会责任感，从公益劳动中体会社会对自己的期望。这些都是一个优秀人才所应具备的素质。

那么，父母该怎样教育子女积极参加公益劳动呢?

首先，要在思想上支持孩子，帮助孩子克服不重视公益劳动的思想。孩子在这方面有了进步，就应该及时给予肯定。父母的赞许会使孩子得到一种心理上的满足，体验到劳动的快乐，从而渴望劳动。其次，要给予孩子必要的物质支持，如提供必要的劳动工具，帮助落实劳动地点等。当孩子因参加公益劳动损坏或弄脏衣裤鞋袜时，不应过分指责。

重视身教的作用。做父母的首先要乐于助人，热心为群众服务，积极参加各种社会公益劳动，为孩子做出榜样。父母的言行举止对孩子的影响很大。有些父母对公共卫生不闻不问，对邻里的困难和疾苦不关心、不同情，甚至还幸灾乐祸，这些行为都会对孩子造成不良的影响。为了孩子，父母应该努力塑造自己的良好形象，为孩子做出表率，正所谓“身正为师”。

公益劳动能够提高孩子明辨是非、全面看问题的能力。思想单纯，看问题比较片面，对社会缺乏了解，这是孩子们存在的共性问题。而公益劳动能给孩子提供接触社会、学习社会和全面认识社会的机会。

现在，有些父母害怕孩子受社会上消极思想和现象的影响，不让孩子接触社会，这是不切实际的想法和做法。其实，现在摆在我们父母面前的已不是让不让孩子接触社会的问题，而是如何引导孩子分辨社会现象的真与假、善与恶、美与丑的问题。

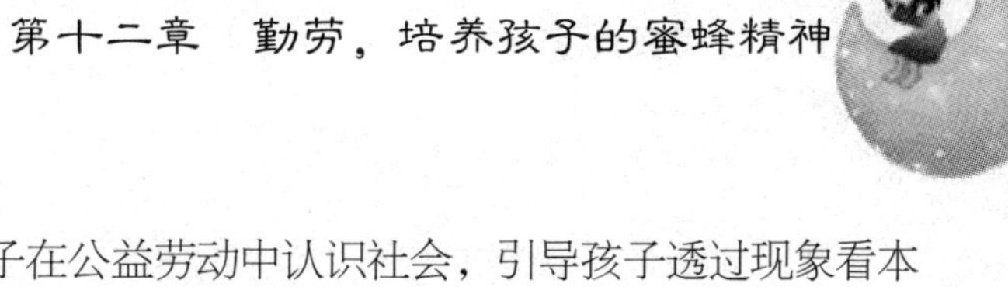

父母们应鼓励孩子在公益劳动中认识社会，引导孩子透过现象看本质，分清主流和支流，克服片面看问题的方法，增强抵抗能力，为以后步入社会奠定思想基础。

让孩子多参加公益劳动，如让孩子清扫公共的楼梯和过道，清除花园的杂草等，会使孩子懂得劳动并不一定要取得回报，劳动是与奉献紧紧相联的。

不要把做家务作为惩罚孩子的手段

在日常生活中，常常会有这样一种情况：当孩子犯了错误的时候，父母为了帮他改正，也为了培养孩子劳动的观念，就惩罚孩子做家务。结果却发现，孩子对做家务越来越排斥。

父母不能将做家务变成惩罚孩子的手段，这样会使孩子对劳动产生抵触厌恶心理，认为做家务的孩子都没出息，是坏孩子，从而鄙视劳动和劳动者。

父母要通过赞扬孩子的劳动行为、珍惜孩子的劳动成果来使孩子树立“劳动光荣”的观念，避免夸大劳动的脏和累，更不要把劳动当做孩子犯错误后的惩罚手段，不要用恐吓的语气强迫孩子做家务；要让孩子感觉到做家务是每个家庭成员的责任和义务。

如果父母希望孩子能够做一些事情，最好用夸奖、认同、支持和鼓励等情绪来代替“责任”这类有压力的词，如果我们总是使用家长权威，孩子可能在长期的强制下会变得拒绝甚至逆反。

在孩子犯错的时候，父母把做家务当成惩罚的工具，那会让孩子更

不喜欢做家务的。最重要的是要让孩子知道“自己能够做一些事”。父母不要太过在乎孩子家务做得如何，他的能力有限，需要学习做的家务应该多是与生活习惯相关的，像是把自己的鞋子放回柜子中、把外套挂起来等。父母要做的就是督导，然后找出孩子值得称赞的地方，即使只是对孩子说：“你真的做得很棒！”相信对孩子而言，也是莫大的鼓励!

当然，父母们从小让孩子明白参加扫地、洗菜等家务劳动，还应让他知道这是他自己应尽的一份义务，而不是帮父母干活儿。这样孩子在干家务活儿时，就会心甘情愿地去做，而不会讨价还价地讲条件了。而有的父母在让孩子干活儿时总爱说：“你帮我干点活儿。”久而久之，就会使孩子缺乏家庭责任感，也就不愿意干家务活儿了。

生活中，爱偷懒的孩子以后在学习上也会“偷懒”。孩子三四岁时，正是他发展自理能力的阶段，是习惯养成的重要时期。做家务不仅是勤劳的美德，也是良好的生活习惯不可或缺的部分。父母们可以引导孩子做家务，但千万不要把做家务作为惩罚孩子的一种手段。

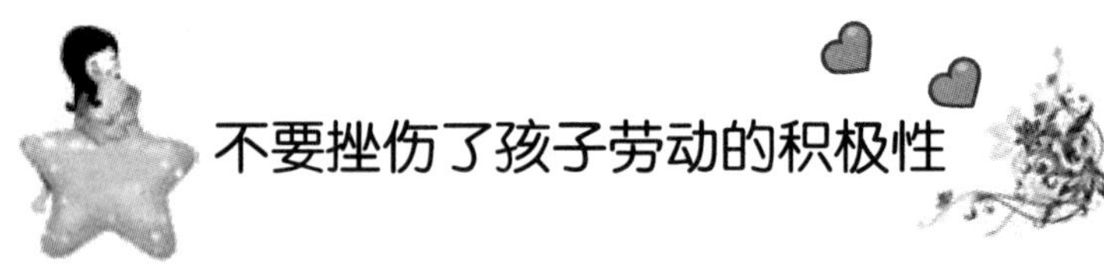

不要挫伤了孩子劳动的积极性

孩子的模仿能力很强，在两三岁时，就开始模仿大人做一些事情。每当大人在干活儿时，孩子就开心地跑来凑热闹。这时，父母最担心孩子出事，往往拒绝孩子帮忙。殊不知，父母的这一阻止会无意中挫伤孩子的劳动积极性。

哪怕孩子过来捣乱，大人也应该让孩子尝试一下。即使孩子在劳动的时候，摔坏了非常昂贵的东西，我们也别忙着批评孩子。因为孩子摔坏东西虽有价，但劳动的热情却是无价的。

父母的宽容往往能让孩子珍惜劳动的机会，反思自己的错误，使孩子终生受益。

孩子初学做家务时，肯定做得不太好：才学穿衣，可能穿得慢一些；才学扫地，可能会不知道先从哪里开始扫起；才学洗碗，可能会把碗打碎；才学烧饭，可能会把饭烧焦；才学洗衣，可能洗得不太干净……我们做父母的不要因为孩子做得不好而表露出不满意或不放心，这样容易挫伤孩子劳动的积极性。也不要在乎孩子打碎一个盘子一个碗，与培养孩子的劳动精神相比，打碎一个盘子一个碗又算得了什么呢?

有天晚上，王媛发现平时很活泼的儿子闷闷不乐，开始她还以为儿子不舒服，一问才知道原来白天上数学课的时候，同学们都拿出了小棒，老师把他较粗糙的小棒丢掉了，表扬了那些有较好小棒的同学。而那些有秀气小棒的同学是父母帮忙做的或是买的，而粗糙的小棒是儿子自己亲手做的，儿子的劳动热情被泼上了一盆冷水。

别说是学生的劳动成果会有好差之分，就是父母本身也有好坏之分，这样做势必会挫伤孩子的劳动积极性，使孩子动脑、动手的能力得不到锻炼；不便于开发孩子的潜在能力，因为孩子的积极性被挫伤，他就不愿动手去做，怕被老师“处理”掉；孩子的美好心灵会受到创伤，会自暴自弃，甚至产生厌学的情绪；当然，也不利于培养孩子自己动手的习惯。

作为父母，应该先充分肯定孩子的辛勤劳动，表扬孩子的劳动精神。无论他们做得好或差，都要珍惜和爱护。这样孩子会更尊敬老师，信赖父母。

孩子天生并不懒。假如父母要真正培养孩子，成就孩子的未来，那就应该放开手，让孩子多参与劳动，学会劳动，在劳动中感受生活的艰辛和美好，从而成为一个积极生活、热爱生活的人。

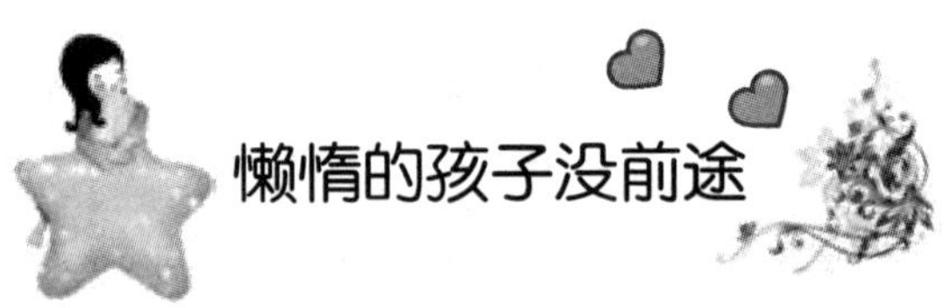

懒惰的孩子没前途

古人云："勤能补拙，天道酬勤。"从古至今，从国内到国外，凡是有所成就的人，他们都经历了我们难以想象的艰辛，付出了常人难以做到的努力。人们只看到了他们头上的光环，看到了他们站在领奖台上的风光，却忽略了他们成功背后的汗水。

没有付出就不会有回报，没有人能随随便便成功。在工作中，我们不要嫉妒任何人的成就，因为我们没有看到他们背后的勤奋，我们也不要羡慕别人比自己强，那是因为我们的勤奋程度远不如他们。

美国有一位叫格蕾·施吕特的妈妈，她养育了四个8～14岁的孩子。这些孩子终日只知道看电视、玩游戏，就是不肯帮妈妈干活，甚至连做功课也提不起劲，每天需要爸爸妈妈不断地呵斥才会勉强去做。

终于有一天，这位妈妈决定治治这些孩子。那天，孩子们发现，妈妈在门前竖了一个牌子，上面写着："妈妈罢工。"孩子们觉得很奇怪，于是纷纷去问妈妈怎么回事。

妈妈说："我每天要工作，还要给你们做饭、洗衣服，但是，你们并不觉得妈妈做的这些事很重要，从不肯帮助妈妈来做，甚至自己的功课都要妈妈来催，妈妈觉得很累。从今天开始，妈妈要罢工了，我不再为你们做家务活了，你们自己的衣服自己洗，自己要吃什么都自己去做吧！”这位妈妈说到做到，真的不再为孩子们做家务。这时，孩子们才发现，劳动是多么的重要。

格蕾·施吕特说：“孩子们终于明白，他们除了看电视外，还有很多事情要做。他们开始懂得用脑子想事情，开始看书、做作业和做家务活。”

培养孩子爱劳动的习惯，不是一朝一夕养成的，需要父母进行不断的强化。但是，父母一定要注意不要单纯地把孩子当做劳动力来使唤，不要把劳动当做惩罚孩子的手段，也不要过分用物质或金钱来强化孩子的劳动，而是应该通过表扬、鼓励等方法来进行强化。对孩子的劳动果实要给予鼓励和尊重，这样才能让孩子从劳动中获得快乐。

懒惰是最具破坏性、也是最危险的恶习。人们一旦背上了懒惰这个包袱，只会整天怨天尤人，精神沮丧、无所事事，其结果就是丧失进取心，浑浑噩噩地过完一生。因为懒惰，人们甚至连一个小山岗也懒得爬；因为懒惰，即使能够战胜的困难，人们也不愿意去战胜。有的人之所以一生一事无成，正是因为他们懈怠懒惰。

无论对于一个人还是一个民族而言，一个社会如果惰性成风，就没有希望获得进步和发展。有些人因为懒惰，总想不劳而获，一天到晚都在盘算着去掠夺本属于他人的东西。可见，懒惰在怎样地折磨着人的心灵，腐蚀着社会风气和生活的希望。可想而知，这样的孩子怎能成为对家庭、对社会有用的人才。